未来能源

探索月球

神奇地球

神秘机器人

第一辑·全10册

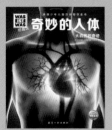
奇妙的人体

深海之谜

太空之旅

走进热带雨林

第二辑·全10册

宇宙中的星体

伟大的发明

神奇的火车

沙漠之旅

第三辑·全10册

显微镜探秘

野生动物

奇趣萌宠

鸟类不简单

第四辑·全10册

神秘的古埃及

印第安人

伟大的探险家

未来世界

第五辑·全10册

蛇的故事

考古探秘

马的生活

舞蹈的魅力

第六辑·全10册

生物质资源

石器时代

第七辑·全8册

WAS IST WAS

学习 好奇 科学 改变未来

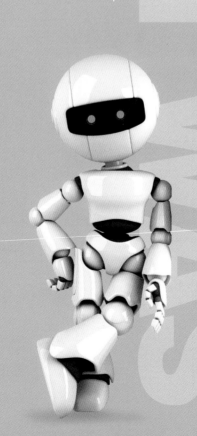

WAS IST WAS
珍藏版

浩瀚宇宙

宇宙的秘密

[德] 曼弗雷德·鲍尔 / 著　张依妮 / 译

航空工业出版社

方便区分出
不同的主题!

真相
大搜查

13

火星上的自拍照: 好奇
号火星探测器正在探索
这个红色的星球。

5

宇宙学家斯
蒂芬·霍金
在模拟的太
空舱中体验
完全失重的
感觉。

符号 ▶ 代表内容特别有趣!

19

宇宙就像是一个巨大的气球,
它不断地膨胀着。因此, 所有
的星系都在彼此远离。

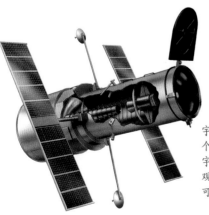

6

宇宙学家们思考和探索这
个世界上最大的物体——
宇宙。他们用大型望远镜
观察宇宙, 以此获得更加
可靠的数据。

22

看看这耀眼夺目的气体云，恒星之间绝非空无一物。你是不是想知道，星际空间里还有什么？

37

寻找外星人！这张唱片里装满了关于地球的信息，它已经在去往茫茫宇宙的路上了。

34

行星围绕着它自己的"太阳"转动：行星猎人们总能发现新的系外行星。哪一颗行星上面也存在着生命呢？

重要名词解释！

宇宙学家们干什么？

斯蒂芬·霍金可谓当代最著名的物理学家和宇宙学家。他始终思考着有关宇宙的问题——宇宙是如何形成的？它未来会是什么样呢？霍金以黑洞蒸发理论而广为人知，进一步探索了这个宇宙中引力极大的天体。在物理学界，声名在霍金之上的大概就只有艾萨克·牛顿和阿尔伯特·爱因斯坦了。牛顿奠定了物理学的基石，并且用万有引力（重力）理论解释了天体的运动。爱因斯坦被认为是现代宇宙学的奠基人，1917 年，他尝试把宇宙看作一个整体，并借助广义相对论来进行描述。

绰号"小爱因斯坦"

1942 年，斯蒂芬·霍金在英国出生。学生时代，他酷爱数学和物理，学习成绩非常出色，所以大家给他起了一个绰号：小爱因斯坦。激发他浓厚兴趣的这两门学科让他受益匪浅，也使他之后得以提出许多极为重要而伟大的理论。但他当时只能在粒子物理学和宇宙学中选择一项作为研究方向。是应该选择比原子更微小的亚原子粒子，还是投身浩瀚的宇宙？最后，霍金选择了后者，毕生都致力于宇宙学的研究。

晴天霹雳

霍金在著名的剑桥大学获得了物理学博士学位。然而与此同时，医生确诊他罹患了肌萎缩侧索硬化症（俗称"渐冻人症"）。人体的肌肉是由神经控制，因而这种病症是一种极为严重的神经性疾病，医生断定霍金只有最后几年可活。他想，无论如何都要好好利用最后有限的生命完成博士论文。因此，他比以往任何时

斯蒂芬·霍金

这位备受关注的科学家五十多年来都被束缚在轮椅上，只能借助语言合成器来传达自己的所思所感。与常人相比，尽管肌肉无法正常活动，他的理解力却超级敏锐。

➡ 你知道吗？

宇宙学是一门研究宇宙起源、结构和演化的科学。在英文中，"universe"和"cosmos"这两个词都是指"宇宙"。

失重

霍金最喜欢在宇宙中遨游的感觉。在一次太空舱模拟飞行中，他体验到了失重的感觉，这也是宇航员训练的一部分。在整个过程中，他反复体验了好几次，每次差不多都是 20 秒的时间。他异常激动地说："这种感觉太奇妙了，真希望永远都不要结束。"

黑 洞

候都更加刻苦。但他的健康状况越来越差，只能坐在轮椅上，之后甚至丧失了说话的能力，仅仅依靠语言合成器与外界沟通。幸运的是，医生的预言没有成真，霍金活了下来。他在 1966 年完成博士论文之后，又提出了很多理论和模型，成了一位伟大的科学家。

黑 洞

霍金把主要精力都放在研究时空理论和神秘的黑洞上。黑洞被视为一个怪物，永不停息地吞噬周围的一切。那是因为黑洞是一种引力非常大的天体，即使是宇宙中跑得最快的光也无法逃离它的"魔掌"，最终只能被其吞没。霍金提出了一个猜想，即黑洞不可能永久存在于宇宙中，在黑洞视界边缘，还通过蒸发过程向外辐射粒子。这一解释黑洞热力学性能的理论被命名为"霍金辐射"，但因为这种辐射十分微弱，直到现在仍没有在黑洞中被观测到。

《时间简史》

除了科学研究，斯蒂芬·霍金也写下了很多科学著作。他最著名的《时间简史》出版于 1988 年，讲述了"大爆炸宇宙论"——宇宙是由大约 138 亿年前的一次大爆炸形成的。此外，书中还介绍了时间、空间和黑洞等知识。《时间简史》销量高达数百万册，多年来一直高居畅销书排行榜。随后，他又出版了其他作品，还和他的女儿露西一起创作了关于宇宙的儿童读物。

不可思议！

斯蒂芬·霍金的形象曾多次出现在电影里，他还参演过《辛普森一家》和《生活大爆炸》。在太空冒险电影《星际迷航》中，他本色出演，和爱因斯坦、牛顿一起打牌，并且赢得了牌局。2014 年，电影《万物理论》上映，他的人生经历被搬上了银幕。

天文学家的超级眼

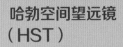

宇宙广阔无垠，其间充满了各种巨大且遥远的天体。如何才能研究浩瀚的宇宙呢？人们研制出了用于探测远方天体和空间的无人航天器——空间探测器。太阳系中的天体距离我们较近，所以使用空间探测器，就能对太阳、行星、卫星、小行星和彗星进行研究。探测器通过运载火箭被发射到太空，然后飞近天体，沿着轨道运行。漫漫长途，当它到达目的地之时，往往已经过去了数年。靠近天体的空间探测器会从它们身边掠过，或者绕着它们飞行，有些甚至会降落在天体上。到目前为止，除了地球，人类唯一登陆的星球就是月球，它与地球的平均距离是 384400 千米，是离我们最近的天体。然而，还有很多距离很远的恒星以及环绕它们飞行的行星、星云和星系，在可预见的时间里，依靠空间探测器或者载人宇宙飞船尚无法抵达。人们无法把恒星直接拿到实验室里进行研究，因此天文学家只能借着恒星发出的光，远远地进行观测。

聚光器

在能见度良好的情况下，我们用肉眼就可以同时看到约 3000 颗星星，处在南半球的人们能看到的数量更多。因为人们能看到的这些星星都来自银河系，在南半球的星空中，还可以看到银河系的两个不规则小型伴星系：大小麦哲伦星云；而在北半球的星空中，仅 250 万光年之外的仙女星系就只能依稀可见了。为了更清晰地观察天体细部，更深入地研究天体，天文学家需要使用望远镜。望远镜放大倍数越

哈勃空间望远镜（HST）

哈勃空间望远镜被安置在大气层外，不会受到大气湍流和水分的干扰，因此可以观测光度微弱和距离遥远的星系。哈勃空间望远镜也可以感应到天体被大气层吸收殆尽的红外线，因此人们很容易观测气体云和尘埃云。

甚大阵射电望远镜（VLA）

这个位于美国新墨西哥州的射电望远镜阵列由 27 台口径 25 米的天线组成。这些天线组成一个巨型的接收天线，它们一起工作，观测着遥远的无线电辐射。

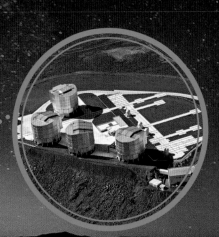

甚大望远镜（VLT）

来自欧洲的甚大望远镜建造在智利海拔约 2600 米的高原地带，因而远离大城市的光干扰。高原空气稀薄，视野清晰，很适合天文观测。这个大型光学望远镜由 4 台口径为 8.2 米的望远镜组成。4 台望远镜既可以单独使用，也可以组成光学干涉仪进行高分辨率观测。

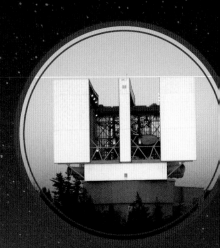

大双筒望远镜（LBT）

这种句柄望远镜位于美国亚利桑那州的格雷厄姆山顶端，而每面镜的口径为 8.4 米，可以大幅度地聚光，甚捕获红外线电磁波的能力远远超越了可抻望远镜的极限。

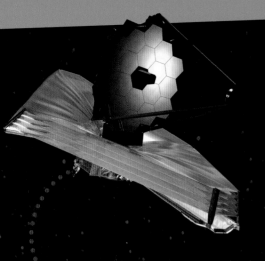

太阳光谱的吸收线能够表明太阳大气是由哪些元素所组成的。氦元素就以古希腊神话中的太阳神"赫利俄斯"(Helios)命名。它最早在太阳光谱中被观察到，后来证实在地球上也存在。

詹姆斯·韦伯空间望远镜（JWST）

天文学家希望借助大型的詹姆斯·韦伯空间望远镜清晰观测河外星系，以通过观察这些遥远的天体，了解宇宙的初期状态。除此之外，还可以利用它进行类地行星研究。

高，观测效果越好。当观测的天体光线模糊，或距离特别远时，人们必须聚集尽可能多的光。如今，最大型的望远镜配备有口径约 8～10 米的透镜和功能强大的聚光器。

电子眼睛

现在，天文学家已不再盯着望远镜的目镜观察宇宙了，而是坐在电脑前操作望远镜。他们使用高度灵敏的数码相机长时间收集天体的光，然后通过计算机保存数据，以提取有用的信息。

光谱分离

使用摄谱仪可以将恒星所发出的光分解成类似彩虹的七彩色，形成光谱。通过光谱，我们可以看到，恒星所闪烁的白光实际上由很多不同颜色的光组成。这些颜色对应不同的波长，蓝光的波长比红光短。在恒星的光谱上有暗线，它是由某一波段的光被冷气体吸收时形成的，从中可以推断该天体由哪些化学元素所组成。恒星的光谱还能透露该天体表面的温度信息，比如，一颗发蓝光的恒星比发红光的恒星更热。使用特殊的望远镜，还能观察到其他的不可见光。红外望远镜能接收天体的红外辐射，X 射线望远镜和费米伽马射线太空望远镜可以捕捉天体的高能辐射，而射电望远镜的大天线则能够捕捉比可见光波长更长的无线电波。

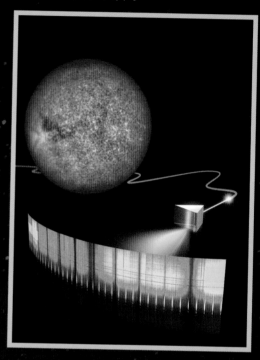

会动的线

通过观测天体辐射的波长因为波源和观测者的相对运动而缩短或变长，就能证明天体和地球是在相互靠近还是远离。如果恒星离我们远去，光的谱线就向红光方向移动，这就是红移；如果恒星朝向我们运动，光的谱线就向蓝光方向移动，这就是蓝移。这同样适用于那些无法直接观测到的行星，我们称之为多普勒效应。在我们的日常生活中，也能发现这种效应。如果一辆鸣着警笛的救护车驶来，我们能感受到声音越来越大，而驶离时，声音则越来越小。

凯克望远镜

凯克望远镜是一个双筒天文望远镜，建在美国夏威夷岛上海拔 4200 多米高的莫纳克亚山上。这个单独的球状主镜片口径达 10

测量宇宙

三角视差法

利用三角视差法可以测定邻近恒星与我们的距离，其原理与人类的三维立体视觉类似。向前伸展一只手臂，大拇指朝上，握紧拳头，首先只用左眼看大拇指，然后再只用右眼。你会感觉，大拇指好像在背景前跳来跳去。这是因为我们双眼之间存在距离，如果只用单眼，等于从不同的方向进行观察。恒星周年视差也是同样的原理，可以把地球绕太阳的轨道直径作为基线，它类似于大拇指实验中两眼间的距离。我们先测定一颗恒星的位置，然后半年后再测一次，在此期间，观察位置大约移动了 3 亿千米。因而可以测量距离我们较近的一些恒星的位置变化，从而确定它们与地球的距离。

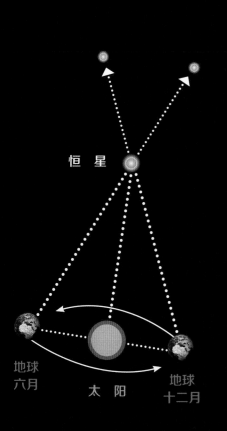

恒 星

地球
六月

太 阳

地球
十二月

距离的计量单位：

光秒（Ls）：
299792 千米

光分（Lm）：
1799 万千米

光时（Lh）：
10.8 亿千米

光年（Ly）：
9.46 万亿千米

天文单位（AU）：
149597870 千米或者 8.3 光分

秒差距（pc）：
3.26 光年

德国天文学家弗里德里希·威廉·贝塞尔是使用三角视差法来测量恒星距离的第一人。他曾花费了半年的时间观察恒星天鹅座 61，在这六个月的时间里，地球带着他绕着太阳转了半圈，因此他的位置移动了两个日地距离，而这颗恒星的位置同样也有细微移动。贝塞尔由此得出结论，这颗恒星与地球的距离是日地距离的 657700 倍。他估算天鹅座 61 与地球的距离超过 10 光年，在当时，这个数值已经非常精准了。如今我们测得天鹅座 61 与地球之间的实际距离约为 11.3 光年，它也是距离我们最近的恒星之一。

银河系有多大？

贝塞尔于 1838 年发表了他的测量结果，之后天文学家们也估测了银河系的大小。天鹅座 61 距离我们如此遥远，人们更是无法想象银河系该有多么浩瀚无边。事实上，人们当时对银河系尺寸的估测只是其实际大小的十分之一。如今，众所周知，银河系是一个圆盘形的星岛，直径达 10 万光年。

光点闪烁

除了呈点状分布的恒星以外，人们还可以在夜晚的天空中看到一种朦胧闪烁的特殊光点：星云。大多数星云只能通过望远镜进行观测，但其中一些仅凭肉眼就可以看到，比如仙女星系。起初，一些天文学家只是把星云当作银河系内部的气体云和尘埃云。还有一些人认为，星云距离我们非常遥远，甚至远在银河系之外。因为太遥不可及，三角视差法也毫无用武之地。在 1912 年发现了造父变星后，借助这种新式的"量天尺"，我们才成功测定了星云的距地距离。

宇宙中的距离

为了更简洁地进行表示，天文学家通常会用光年来计量距离。1 光年约为 10 万亿千米，也就是 10000000000000 千米。星系间的距离通常多达数百万光年，甚至数十亿光年。

地球—月球：38.4 万千米或者 1.3 光秒

地球—太阳：1.5 亿千米或者 8.3 光分

太阳—比邻星：39.9 万亿千米或者 4.2 光年

地球—仙女星系：2500 万兆千米或者 250 万光年

脉动变星

脉动变星是指由脉动引起亮度变化的恒星，造父变星属于其中的一种，其亮度随时间呈周期性变化，因而它们看起来总是时亮时暗。恒星脉动的剧烈程度和发光强度呈正比。绝对星等是指假定把恒星放在距地球 32.6 光年的地方测得的恒星亮度，我们可以利用造父变星光变周期和绝对星等之间的关系，测定其所在星团、星系的距离，无论它们位于银河系内，还是在周围的其他星系中。

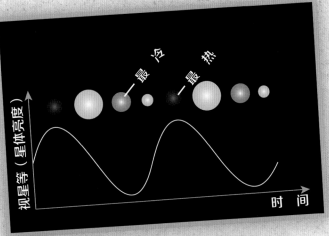

造父变星是一种特殊的脉动恒星。除了亮度以外，它的大小和表面温度也会变化，从而使得颜色改变。如果恒星体积很小而温度很高，就会发出极为明亮的光；反之，如果体积很大但温度很低，光则会非常微弱。相比长周期造父变星，短周期造父变星发光强度较为微弱。

恒星爆炸

为了测定更遥远星系的距离，人们需要借助夜空中的"蜡烛"——更明亮的光进行观察。有时候，人们可以看到某一颗恒星尤为明亮，这就是超新星，是某些恒星在演化接近末期时经历剧烈爆炸的阶段。通过观察超新星的亮度和形状，天文学家可以确定其光变曲线的下降规律，以及它的绝对星等和距离。然而，这种方法只适用于非常特殊的 Ia 型超新星。

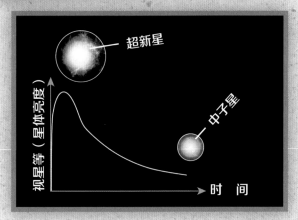

Ia 型超新星：质量极大的白矮星吸取其伴星——巨星的物质，当达到一定质量时，会发生爆炸，从而形成了宇宙中异常明亮的星体——Ia 型超新星。这类超新星都具有相同的亮度，因此它们是用于测量距离的理想工具。

➤ 你知道吗？

恒星并非始终保持静止，换句话说，它并不固定在天空中的某个位置。只是因为距离遥远，我们才无法察觉其位置的变化。只有在距离很近或移动速度非常迅速的情况下，我们才有可能观测到恒星的移动——还必须是在精准测量的前提下。

大质量天体会较大程度地扭曲周围的时空。所引起的空间曲率改变使得行星及其卫星保持在它们各自的运行轨道上。

空间曲率的证实：正常的夜空中，恒星处在位置（1），但在日全食的时候，恒星位置会略有移动（2）。

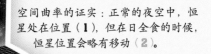

太阳

是什么把世界联系在一起

艾萨克·牛顿

一颗掉落的苹果启发牛顿发现了万有引力。万有引力定律认为，任何两个物体之间都存在相互吸引力。由此，人们能够计算天体的运动。

阿尔伯特·爱因斯坦

爱因斯坦的广义相对论描述了物质使时间和空间发生弯曲，而时空弯曲产生了万有引力。

使我们保持在地面上，让卫星绕着行星运行，行星绕着恒星运行，这就是万有引力。没有它，气体云和尘埃云就无法和行星、恒星一起构成星系。尽管我们仍然不清楚引力是如何产生，以及它是怎样发挥作用的，但如果没有引力，人类将无法生存。

牛顿的苹果

关于万有引力的发现，始终流传着这样的一个传说。1666年，在英国剑桥大学，年轻的物理学教授艾萨克·牛顿观察到一颗落在地上的苹果。他突然意识到，这两个物体互相吸引：地球吸引着苹果，而苹果也吸引着地球。物体质量越大，彼此越靠近，它们之间的吸引力就越强。但是为什么月球不会掉到地上呢？原因非常简单：尽管月球位于地球"上方"，与地球存在着相互吸引力，但它同时还受到太阳的吸引，从而使得它保持在运行轨道上，不断绕着地球运动。地球绕太阳运动也是基于同样

的原理。牛顿由此提出了物理学经典力学三大定律，探讨绝对空间中物体的绝对运动规律。

爱因斯坦的时空

在牛顿的理论中，时间和空间被认为是不可变的，这一理论统治了学术界两个世纪之久。1905年，一位名叫阿尔伯特·爱因斯坦的年轻物理学家提出，时间和空间并非是绝对的，它们之间相互关联。于是在长、宽、高这三个维度之外，他又加入了时间作为第四个维度。爱因斯坦确信：当一个人的运动速度接近光速时，就会产生一种奇特的体验，这是我们在日常生活中完全无法感知的。

双生子佯谬

如果一对双生兄弟，其中一个驾驶宇宙飞船进行接近光速的长途太空旅行，对于他来说，时间流逝得非常缓慢。相对于留在地球的兄弟，他衰老得更慢。这一设想后来在实验中得以证

实。同样，两个完全相同的高精度原子钟，一个放置在高速飞行的飞机中，另一个放在地面上，前者会走得更慢一些。

光 速

速度的变化不仅会改变时间，也一样会改变空间。高速行驶时，宇航员前方的空间会发生扭曲，因此在他看来，宇宙飞船外部的环境产生了奇怪的变形。阿尔伯特·爱因斯坦也发现了这一现象，他在狭义相对论中指出，无论观察者靠近光源还是远离光源，光速都保持不变，每秒将近 30 万千米。但这只适用于真空环境，也就是没有空气的空间中，而观察者的运动方式是可以改变空间和时间的。

著名的公式

爱因斯坦还确定了质量和能量之间的当量关系。经过思考，他提出著名的质能方程式：$E = mc^2$。在他看来，质量只是能量的一种形式。这一公式源自狭义相对论，即任何物体的运动速度只能无限接近光速，不可能超过光速。如果要将其加速到光速，则需要无穷的能量。而随着物体运动速度变快，其质量也会增加。在日常生活中，我们运动的速度事实上都很慢，以至于对自身质量的增加几乎毫无作用。

质量对时空的扭曲

经过长达十年的研究，1915 年，阿尔伯特·爱因斯坦描述了当宇航员的运动速度越来越快时，会发生什么现象。他发现，对于宇航员来说，加速度和重力是同一回事，因为他无法判断，自己是处在高速飞行的宇宙飞船内，还是在一个强引力场中。因此爱因斯坦认为，质量扭曲了时空。也就是说，物体的质量改变了空间。这和将铁球扔到一块展开的橡胶布上导致其变形的原理一致，铁球质量越大，就下陷得越深。质量较小的铁球落入橡胶布的凹陷处，而质量较大的行星则会沿着扭曲的空间围绕着太阳转动。

不可思议！

汽车和智能手机中的导航设备是由高速运行的全球定位通信卫星（GPS 卫星）指示的。它们接收卫星信号，并精准地进行时间和距离测量。导航设备能够精确运行，是因为全球定位系统（GPS）也考虑到了广义相对论和狭义相对论。如果没有爱因斯坦的理论，我们可能就找不到目的地了。

1919 年 5 月，天文学家观测到了一颗位于太阳附近的恒星。他们发现，被遮挡住的太阳旁显现出的星光产生了偏离。这一发现证实了广义相对论中的预言。

$E=mc^2$

➜ 你知道吗？

$E=mc^2$ 也使得人们在地球上生活成为可能。因为在太阳中心部位，每秒有将近 5.5 亿吨的氢原子经过核聚变，变成氦原子。在此过程中，超过 400 万吨的物质被转化为能量，其中有一部分到达地球，给我们带来了光明和温暖。

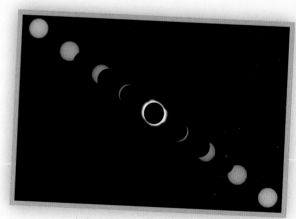

日全食的时候，月亮会渐渐遮挡住太阳。对于远在地球上的人来说，肉眼看到的月亮和太阳是一样大的。因此在短短几分钟的时间里，太阳就完全被月亮"吃掉了"。

我们的太阳系

我们生活在太阳系中。太阳是太阳系的中心，八大行星围绕着它运行。从内到外的四颗固态行星分别是水星、金星、地球和火星。紧接着是小行星带，其中有无数形状不规则的残骸和碎片。在小行星带中，体积最大的是仅有的一颗矮行星——谷神星，其次是三颗较大的小行星，还有更小的流星体。小行星带再往外，是巨大的气态行星：木星、土星、天王星和海王星。它们都在各自的轨道上绕着太阳运行。

矮行星

在 2006 年之前，冥王星一直被人们视为太阳系第九大行星。然而在海王星轨道外发现比它质量更大的阅神星之后，天文学家把冥王星降级为矮行星。矮行星和行星一样，都是球状天体，但质量很小，因此无法清空所在轨道上的其他天体，比如小行星和流星。冥王星和其他的矮行星都处于柯伊伯带，这个中空圆盘状区域是海王星轨道外的行星带。

彗星从哪里来？

位于太阳系边缘的是奥尔特云，由数十亿颗彗星组成。彗星由冰冻着的各种杂质和尘埃组成，其中一些绕太阳运行。在经过太阳附近时，凝固体会蒸发、气化，被太阳风吹散，于是形成了令人印象深刻的彗尾。

剩余物质会继续留在彗星轨道附近，当地球穿过尘埃尾轨道时，这些剩余物质在大气中燃烧，我们就能够看到流星雨。

行星的位置顺序

按照与太阳的距离从近到远，太阳系的八个大行星有自己的排列顺序，记住这句顺口溜吧！

水金地火木土天，海王行星绕外边。

所以，它们的位置顺序是：

水星—金星—地球—火星—木星—土星—天王星—海王星

➡ 你知道吗？

要成为太阳系中的一颗行星，首先必须围绕太阳运转，其次质量必须足够大，自身的重力必须和表面力平衡以使其形状呈圆球形状。最后，必须清除轨道附近区域，保证公转轨道范围内不能有比自己更大的天体。满足以上三个条件就可以成为一颗行星了。

经过了九年半的太空飞行，新地平线号空间探测器于 2015 年抵达了冥王星，并以每秒 14 千米的速度飞过 12500 千米外的矮行星。

太阳　地球　木星

天王星　海王星

小行星带

1 水星

和月球一样，水星表面布满了撞击坑。因为距离太阳非常近，它的表面温度可达 430 摄氏度。然而因为其周围几乎没有大气层保护，无法储存热量，因此夜晚的时候，温度又会迅速降至零下 180 摄氏度。它的自转非常缓慢，因此水星上的一天相当于地球上的 176 天。

2 金星

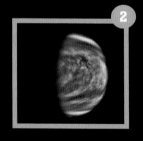

金星拥有稠密的大气层，可以反射太阳光。因此在清晨或傍晚时分，我们都能看到这颗明亮的行星。金星上大气的主要成分是会引起温室效应的二氧化碳，因此会给金星持续加热。它表面的平均温度能达到 464 摄氏度，在这样炎热的环境下，铅都能够被熔化。

3 火星

火星和太阳之间的距离大约是地球到太阳的 1.5 倍。它表面的平均温度为零下 63 摄氏度。火星橘红色的"外衣"来自氧化铁，也就是我们熟知的铁锈，而两极的白色冰盖是由二氧化碳和冰组成的。"好奇号"等火星探测器在火星上努力寻找生命的迹象，却一无所获。不过在很久以前，火星上似乎曾有大量的液态水存在。

4 土星

土星的平均密度大约仅有水的 70%。因此，土星可以漂浮在一个巨大的游泳池中。土星环由大量冰块组成，其中大多数都很微小，也有一些可以达到数米。此外，我们还发现，土星拥有 62 颗卫星。

5 冥王星

冥王星在 1930 年才被发现，很长一段时间里，即使通过望远镜观察，它也只是一个细小的光点。冥王星有 5 颗卫星，其中最大的是冥卫一。冥卫一的质量非常大，因而人们将其与冥王星合称为双矮行星系统。2015 年，新地平线号空间探测器拍摄到了冥王星的表面样貌，并将极为清晰的照片发送回了地球。从照片中可以看到，冥王星表面有一个心形区域，覆盖着冰火山、高达 3000 米的冰山，以及巨大的冰原。

银河系的未来

UGC 1810

UGC 1813

银河系犹如一座岛屿，漂浮在巨大而空旷的大洋中。尽管如此，我们附近几个星系的运动并非是独立的，而是被万有引力吸引在一起，因此有一些小星系环绕着银河系转动着。即使是远在250万光年外的仙女星系，也会对银河系产生影响。当然这种影响是相互的，两者在引力的作用下相互靠近，在遥远的未来甚至有相撞的可能。

星系碰撞

星系碰撞在宇宙中相当普遍，天文学家可以观测到其进化的各个阶段。星系碰撞会持续十多亿年，我们可以通过计算机模拟和重现整个过程。两个旋涡星系相撞时，引力作用会将旋臂撕扯出长长的尾巴。它们就会彼此"坠"向对方，然后合并成更大更亮的星系，即一个不具气体物质的椭圆星系。一些外部的恒星会被强大的引力牵扯，然后被抛掷到太空。

行星兼并

我们的银河系有可能会迎来这样的结局：在未来，它可能会和仙女星系合并，形成一个椭圆形的"混合星系"。不过在合并过程中，恒星不一定会发生碰撞，因为它们相距非常遥远。但气体云和尘埃云会被挤压，从而形成新的星体。当然，我们人类也许无法亲历这一戏剧性场景，因为在此之前，太阳的膨胀会先将地球上几乎所有的水分都蒸发殆尽，那时地球将不再适宜人类居住。谁也不知道人类何去何从，也许在宇宙中的其他地方，我们又找到了新的家园。又或者，我们将作为新式的人机生命体，驾驶着巨型宇宙飞船，遨游于浩瀚的太空之中。

玫瑰星系

当两个星系距离很近的时候，会相互吸引并变形。较大的星系（UGC 1810）被扭曲成玫瑰形，而下方的伴星系（UGC 1813）则像是它的茎干部位。

老鼠星系

这两个星系（NGC 4676A+B）被称为"老鼠星系"，因为它们拖着由恒星组成的长尾巴。在未来，它们两个还会不停地互撞，直至完全聚合成一个巨型的椭圆星系。

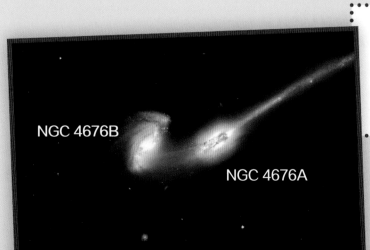

NGC 4676B

NGC 4676A

NGC 7320

NGC 7319

NGC 7318A+B

NGC 7317

斯蒂芬五重星系

在名为斯蒂芬五重星系的星系群中，其中四个参与了星系碰撞。通过闪耀着黄色微光的旋臂和长尾，我们可以判断参与了碰撞的星系（NGC 7319、7318A、7318B 和 7317）。NGC 7320 置身事外，相比其他星系，它距离地球要近得多。

银河系的命运

银河系与仙女星系的最终碰撞不可避免。当然，整个过程要持续好几十亿年，直到它们最终融合为一个新的星系，我们称之为"银女星系"（Milkomeda）。要见证这一天文奇观不必等到那时，因为天文学家已经在超级计算机上模拟了这次碰撞。

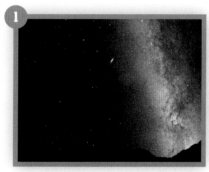

现在的银河系和仙女星系。我们所在的银河系就像一条银色的丝带。左边是距离地球 250 多万光年的仙女星系。

37.5 亿年后，仙女星系会距离我们非常近，因此显得非常大。我们通过肉眼就可以看到它的旋涡结构。

39 亿年后，将会有更多的星体形成。太阳系可能会被银河系抛掷出去，不过并不会毁灭。

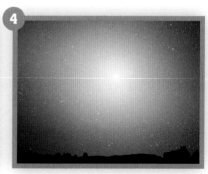

70 亿年后，一个巨型椭圆星系将会形成，它的中心将在夜空中闪耀。天文学家将其命名为"银女星系"。

黑　洞

黑洞是宇宙中最奇异而神秘的天体。这个名字听起来像是来自某部科幻小说，或是某个太空探险故事。那么，黑洞到底是什么呢？

恒星的黑洞

恒星的体积和质量都很大，因此具有极为强大的引力。如果恒星内部的燃料充足，它既可以向外辐射能量，也可以对内产生与之相平衡的引力，从而保持稳定。假如有一颗质量超过太阳8倍的恒星，当它的燃料耗尽且没有新的能量产生时，巨大的引力就会导致恒星向中心沉积，从而向内坍缩。天文学家将这种恒星死亡现象称为超新星爆发。此时，恒星最后一次释放出强烈的光芒，其中一部分物质被吹散，形成了气体云，坍缩后的恒星则会形成黑洞。黑洞的引力十分强大，连光都无法逃脱。

观测不可见的黑洞

到目前为止，还没有人真的看到过黑洞。不过，我们可以进行间接的观察。它们质量很大，吸引着周围的恒星、气体云和尘埃云。如果某个可见的恒星周围存在着黑洞，则会产生高能量的辐射，意味着黑洞吞噬了这颗恒星的伴星。超强辐射和其自身的引力让黑洞"露了马脚"。

超重的"家伙"

除了数倍于太阳质量的恒星所形成的黑洞之外，还有一种超级黑洞。科学家推测，它们可能位于各种大星系的中心，其质量大概是太阳质量的数百万甚至数十亿倍。通过观察其周围恒星的移动，可以推测在银河系的中心也有超级黑洞的存在，质量约为太阳的400万倍。

活动星系

相对而言，我们的银河系真是平静极了。很多星系更加活跃，在它们的中心，不断产生着巨大的能量，甚至比星系中所有恒星能量的总和还多。这是因为星系中心存在着一个超级黑洞。恒星和气体云围绕着黑洞运行，如果距离黑洞太近，就会被其直接吞噬。流入黑洞的物质形成了吸积盘，在吸积盘的两极，部分气体会被喷射向太空。通过观察极点辐射流的不同，我们可以区分出射电星系、耀变体和赛弗特星系。这四种活动星系很有可能是同一类物体，区别只在于观测角度的不同。在观察射电星系时，我们特别关注其边缘，耀变体则直接观察它的两极，而对于类星体和赛弗特星系，我们从斜向进行观察。

在黑洞中，巨大的质量都集中在一点，这将导致时空的严重扭曲。

➡ 你知道吗？

黑洞并非真正的洞。它里面并不是空的。在黑洞内部，很多物质挤在一个小小的空间里。黑洞内部结构非常紧凑，所以引力极强。

天鹅座 X-1

这是来自天鹅座的强大 X 射线源。X 射线的产生，是因为黑洞从在邻近轨道运行的蓝巨星中吸取了气体。黑洞本身是不可见的，只有周围存在伴星的时候，才能被"看到"。但因为蓝巨星围绕黑洞以六天为一个周期旋转着，天文学家由此推断出黑洞质量和大小：其质量大约是太阳的 15 倍，直径则不到 3 万米。

蓝巨星

黑洞喷流

黑洞

几乎每一个活动星系中心（**1**）都有一个黑洞，不断吞噬着周围的物质。这些物质以螺旋状向黑洞中心陷落。由于相互摩擦，以及 X 射线和其他高能辐射的存在，其温度可达数百万摄氏度。黑洞周围存在着很强的磁场，可以把两极的物质喷射向太空，所形成的黑洞喷流向外放出辐射。如果我们从侧面边缘观测这个吸积盘，并能探察到射电辐射，那么这是一个射电星系（**3**）。如果我们直接观测极点，就能看到一个耀变体（**4**）。如果斜向观测，则可以看到一个类星体或者是不太活跃的赛弗特星系（**2**）。

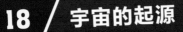

不断膨胀的宇宙

威尔逊山天文台

阿尔伯特·爱因斯坦（最左）很长时间都不愿意相信宇宙会自己膨胀。1931年，他特地登上了威尔逊山，那里有当时世界上最大的望远镜。通过这个望远镜，哈勃曾经观测到，距离越远的星系以越快的速度远离我们。在威尔逊山天文台的天体观测室，至今还保存着那台口径达2.5米的胡克望远镜。

在 20 世纪初，人们对此深信不疑：宇宙将始终存在，永远不会发生任何变化，银河系就是宇宙的全部。如今，宇宙的广阔无人不知，银河系只是其中数不胜数的星系之一。并且，宇宙曾经历了巨大变化，至今仍没有停止，也将永不停息。

星云纷争

从天文学家用望远镜观测到神秘的星云起，这场纷争一直没有平息。直到 100 多年前，人们都还无法确定，这些星云距离我们有多远。

人们也无从得知，这些星云到底位于银河系的内部还是在外部。1923 年，美国天文学家爱德文·哈勃希望弄清楚星云到底是什么。他很幸运地被允许在美国加利福尼亚州的威尔逊山上，使用当时世界上最先进的望远镜进行工作。

测量天体距离

哈勃拍摄了夜空中的恒星和星云。在仙女星系中，他发现了一颗定期改变亮度的特殊恒星，这就是造父变星。随着时间的推移。它们会越来越亮，达到最大亮度后，又逐渐变暗，

爱德文·哈勃

在威尔逊山天文台，美国天文学家爱德文·哈勃发现了银河系外的第一颗造父变星。由此证明，仙女星系是一个河外星系。

天文学家将其称为"逃逸速度"。飞离的速度和距离之比是固定的，这个定量被命名为"哈勃常数"，以表彰哈勃的巨大贡献。

宇宙大爆炸

哈勃的观测验证了比利时物理学家乔治·勒梅特的观点。勒梅特深信宇宙在不断膨胀，它在很久以前一定小得多，而且星系之间挨得很近。他由此推测，宇宙起源于"一个点"，也就是"奇点"。通过一次规模巨大的爆炸，宇宙才成长到后来的规模。起初是物质出现，再聚集在一起，形成巨大的星系。天文学家弗莱德·波义耳对此不屑一顾，轻蔑地称之为"Big Bang"，也就是"大爆炸"。事实上，这正好解释了宇宙的起源。之后，"大爆炸宇宙论"逐渐广为人知，成了宇宙学界的公认学说。

如此循环往复。造父变星的亮度改变是有周期规律的，每个周期约为数天。它们的亮度变化与它们变化的周期存在着一种确定的关系，光变周期越长，光度越大。通过比较其绝对星等和视星等，天文学家可以测定造父变星的距离。

遥不可及的距离

利用造父变星，爱德文·哈勃确定了仙女星系和地球之间的距离，约为 90 万光年。如今已经确证，仙女星系在银河系之外。当然，"90万光年"这一数值并不准确。事实上，我们已经得知，仙女星系和地球间的距离更为遥远，大概为 250 万光年。然而哈勃证明了，在银河系之外存在着其他星系，宇宙比我们所想象的还要浩瀚无边，银河系只是其中的一小部分。

星系逃离

可想而知，在仙女星系之外，还有其他更遥远的星系。通过研究来自其他星云的光，哈勃发现，大多数星系的电磁辐射在可见光波段，光谱谱线会朝红端移动，天文学家将这个现象称为"红移"。因此，哈勃得出结论，星系看起来都在离我们远去，距离越远，远离的速度越快。并且这种远离并不固定在一个方向，是向四面八方进行的。也就是说，如果一个星系距离银河系两倍远，它也会以两倍的速度逃离，

逃逸的星系

我们可以把宇宙想象成一个正在膨胀的气球。因为宇宙空间的膨胀，其内部的星系都在彼此远离。无论处于哪个星系，你都会发现其他的星系离你越来越远。这正是哈勃观测到的现象。

乔治·勒梅特

乔治·勒梅特既是神父，也是一位宇宙学家，他深信宇宙起源于"一个点"，之后通过大爆炸形成。1927年，在爱德文·哈勃验证这一观点之前，他率先就提出了"宇宙大爆炸"这一假说。

Big BANG

宇宙大爆炸

日内瓦的欧洲核子研究中心，物理学家们试图利用大型强子对撞机（LHC）重现大爆炸后短时间内形成的那种不可思议的宇宙环境。

宇宙始于 138 亿年前的一次大爆炸。起初，宇宙甚至比原子核还小，温度极高，密度极大，类似于一个炙热的小火球。后来，宇宙开始膨胀，体积越来越大，温度越来越低。宇宙能量转化为了物质和反物质，假如正反物质相撞，又会全部转换为新的能量。恒星、行星以及我们人类都是由物质组成的，因而似乎在这场宇宙大战中，更多的物质侥幸获胜。在我们所见的宇宙里，为什么是更多的物质而非反物质存在呢？直到今天，这仍然是一个未解之谜。

越来越冷

在宇宙大爆炸后的一百万分之一秒内，出现了亚原子粒子，如今我们可以在大型强子对撞机（LHC）中制造出这种粒子。一秒钟内，就形成了更稳定的粒子——质子和中子。短短三分钟，温度就降低到了十亿开尔文以下。虽然和太阳中心相比，宇宙的温度此时仍然很高，但已经"冷"到足以使得质子和中子形成三个最简单化学元素的原子核，它们分别是氢、氦和少量的锂。38 万年后，宇宙温度充分冷却，温度约 3000 开尔文时，原子核能够捕捉电子，从而形成了第一个原子。由此可以得出结论，宇宙是由氢、氦和部分的锂构成的。宇宙当时依然漆黑一片，直到数亿年后，凝聚成密度较大的气体云块，恒星和星系才逐渐形成。宇宙也因此产生了光亮。我们所生活的地球，是在 46 亿年前与太阳系共同诞生的。

越来越大，也越来越快

宇宙最初通过爆炸而一下子扩张，科学家们称之为"膨胀"。从那以后，它也在不断地变大。在最近的 50 亿年中，扩张速度进一步加快。宇宙学家认为，这归因于一种被称为"暗能量"的神秘物质。

知识加油站

▶ 在科学研究中，科学家多使用开尔文作为温度单位，而不是我们熟知的摄氏度。

▶ 开尔文是以绝对零度，即零下 273.15 摄氏度作为计算起点，这是"冷"的极限！

▶ 水的温度如果低于 273.15 开尔文（0 摄氏度），就会凝固成冰，在约 373 开尔文（100 摄氏度）时则会沸腾。

大爆炸带来的问题

我们越深入地追溯宇宙的过去，就越接近其全部能量被挤压在一个极狭小空间的时刻。那里压力极大，温度极高。爱因斯坦的广义相对论和量子理论无法解释这一状态，因为相对论研究的是由星系和恒星组成的宏观宇宙，而量子理论则解释了由原子和微粒构成的微观世界。一些理论物理学家试图将这两个理论结合起来，以解释宇宙大爆炸论所带来的问题，并提出了一些大胆而复杂的设想：也许宇宙大爆炸的瞬间意味着上一个宇宙的坍塌，同时也是一个新的宇宙，即我们现在生活的宇宙的诞生。一切尚无定论，关键在于我们能否找到证明上一个宇宙存在的线索。

从诞生到现在——宇宙 138 亿年的演变历程。

在大爆炸 138 亿年后的今天，人们可以通过太空望远镜测量宇宙微波背景辐射。

大约 46 亿年前，我们的地球和太阳系一起形成。

星系形成，其间不仅有亿万颗行星、恒星和其他物质。

由氢和氦组成的气体云飘浮在太空中，大爆炸 2 亿年后，形成了第一颗恒星。

宇宙在不到一百亿分之一秒内就开始膨胀了，之后出现了第一个物质。

黑暗时代：气体云继续冷却，依然没有恒星闪耀。

38 万年后，宇宙微波背景辐射产生，混沌的宇宙开始变得清透。

大爆炸

星际空间

超新星遗迹

这些行星状星云属于面纱星云，也被称为网状星云，是大质量恒星死亡爆炸所产生的扩张云气。

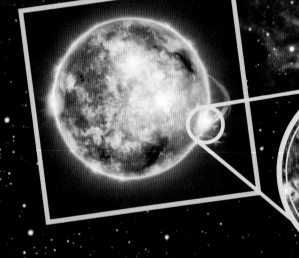

星体之间似乎存在巨大的空白地带，事实上这个所谓的星际空间一点都不"空"，其间充斥着以巨大的气体云、尘埃云，以及微粒辐射、电磁辐射等形式存在的能量和物质。

原子和分子

星系不仅由恒星和行星组成，还包括了大量以气体云和尘埃云形式存在的物质。宇宙中最常见的物质是氢原子和氦原子，它们也是最轻的化学元素。银河系的星际空间中存在着足够的氢，足以形成数十亿颗恒星。除此之外，还有大约 180 种不同的分子。分子由两个或两个以上的原子构成。人们在宇宙中发现了一氧化碳、氨、水和有机碳化物，这些分子在孕育生命的过程中扮演着重要的角色。

持续运动

构成星际空间的化学成分也在不断变化着，新分子在形成，旧分子则持续分裂。在某些地方，也有新的物质出现。比如，当恒星燃烧殆尽，或是更大质量的恒星爆炸时，会释放出大量的气体云和尘埃云。伴随着这些"云团"的再次聚集，新的恒星又会从中诞生。

物质发射

与其他恒星一样，太阳的能量以电磁辐射和微粒辐射两种形式不断地向周围发射。太阳耀斑是剧烈的爆炸，大量能量被抛向宇宙中。在太阳生命的最后阶段，它会把自己最外层的气体抛到太空中。

知识加油站

▶ 宇宙大爆炸时产生的中微子是宇宙中最常见的粒子之一。

▶ 质量巨大的恒星在大爆炸中结束生命，同时释放出大量的中微子。

▶ 在太阳内部核聚变和用于发电的核反应堆进行核裂变的过程中，也会释放中微子。

▶ 高能宇宙线粒子射到大气层，与原子核发生核反应，会形成包括中微子在内的大量粒子。

不可思议！

中微子的质量非常小。为了测得它的质量，科学家们制造了耸立在德国卡尔斯鲁厄理工学院的"飞船"。它堪称世界上最灵敏的称重机，主要部分就是这个重达 200 吨的大钢罐。人们使用了欧洲最强大的机动起重机把它从船上运下来，再将其放置在巨型运输车上。

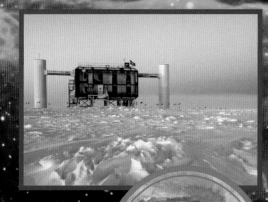

中微子观察站位于南极洲的冰山上，名为"冰立方"。它有 5160 个高度敏感的探测器，它们深入冰层，测量范围可达 1 千米。中微子可能是宇宙中最常见的粒子，但遗憾的是，因为与其他物质几乎不发生相互作用，它们的存在很难被证明。

辐 射

星际空间中充斥着电磁辐射，包括可见光、红外线和紫外线、极短 X 射线、伽马射线和长波无线电。此外，还有足以穿透恒星和星系的粒子束流，以及大量的中微子。中微子是不带电的小微粒，由于本身质量很小，与其他物质的相互作用十分微弱。因为太轻了，人们至今无法成功获知它们的质量。此外，由于难以捕捉和探测，它们也被称为宇宙中的"隐身粒子"。

宇宙中充斥着大量的中微子，大部分为宇宙大爆炸的残留，平均每立方厘米就有大约 300 个。即使身处地球，我们也持续遭受着中微子的炮击：我们每平方厘米的皮肤每一秒都会遭受 700 亿个中微子的穿透，当然这并不会对我们的身体造成伤害。它们大多来自太阳内部的氢核聚变反应，能自由地穿过人体、墙壁、山脉乃至整个行星。此外，恒星磁场也扩展到了星际空间。由此可见，在闪烁着光亮的天体之间，貌似空无一物，其实隐藏着很多奇妙的东西。

最初的恒星

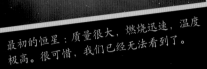

最初的恒星：质量很大，燃烧迅速，温度极高。很可惜，我们已经无法看到了。

大约在大爆炸的1亿年后，宇宙尚处于早期阶段，气体云逐渐在其中凝结。但这只是一种猜测，因为除了我们所熟悉的由质子、中子和电子组成的普通物质外，还有另一种形式的物质也具有引力作用，它就是暗物质。暗物质神秘而黑暗，因而除了知道它的确存在，其他我们一无所知。我们把恒星和星系的出现归因于暗物质。

黑暗的助产士

事实上，这些我们看不到的暗物质聚集成了暗物质晕，我们称之为球状聚合，星系被嵌在暗物质晕之中。大量暗物质所产生的引力对普通物质都会产生影响。因此在某些地方，氢、氦和少量的锂开始聚合成大气球。当时，宇宙中还不存在比它们更重的化学元素。随着气体聚集得越来越密集，其温度也逐渐越来越高。于是，它们开始发出光亮，辐射热量。当然，最初都只是红外线辐射，也就是说，气体云所构成的是许多原恒星。这些原恒星是恒星演化过程中极早期阶段。原恒星持续吸引着其他物质，变得越来越庞大。

万物之始

为了便于我们理解恒星的形成过程，科学家们在电脑上进行了模拟重现：在暗物质集中的地方，宇宙大爆炸时期产生的氢、氦和锂等元素开始聚集成球状天体。

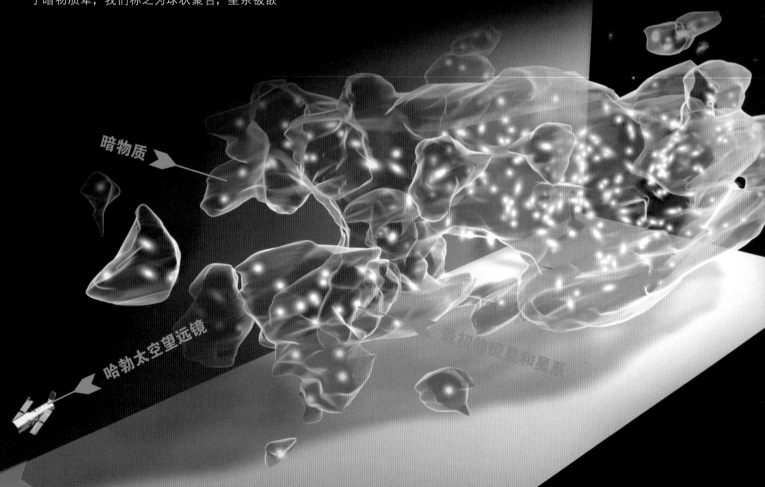

暗物质

哈勃太空望远镜

最初的恒星和星系

正电子　中微子

高温、高压

中子

P⁺

P⁺　4 个氢核

P⁺

聚 变

P⁰ P⁺ P⁰ P⁺

能 量

氦核

P⁺ N⁰ N⁰ P⁺

P⁺　质 子

核聚变

　　在恒星的中心，4 个质子（氢核）聚变成氦核。其原始质量的一部分转化成能量，使得恒星发光。核聚变只在高温高压条件下发生，因为只有在此情况下，两个原子核才能够互相吸引，从而碰撞到一起。

熊熊烈焰

　　原恒星的质量不断增加，它中心的压力和温度也随之升高。我们可以将其想象为自行车的打气筒。在给气筒打气的过程中，其中的空气就会发热。对于正在成长的恒星，它内部的温度可高达几百万开尔文。当温度和气压足够高时，核聚变就会发生，氢核聚变为更重的氦核。一小部分质量会转化成能量辐射出去。在大爆炸后约 2 亿年，第一颗恒星开始发光，照亮了宇宙。

超级太阳

　　事实上，太阳在宇宙中只是一个中等大小的恒星。第一代恒星的质量比太阳大得多，部分甚至达到了太阳质量的一百多倍。这是为什么呢？第一代恒星的组成元素只有氢、氦和锂，碳和氧等质量更大的元素还不存在。相比质量较小的氢、氦元素，这些质量更大的元素能够从粒子碰撞中吸收更多的能量，起到了冷却高密度气体云的作用。因此，现在即使是质量较小的恒星，也可以点燃核聚变。然而在早期的宇宙中，原恒星必须要聚集更多的质量，才能通过核聚变成长为一个真正的发光恒星。这种质量巨大的第一代恒星在各个方面都很特别：中心压力极大，温度极高，就连表面温度也能达到 10 万开尔文，几乎相当于太阳表面温度

消失的恒星

　　从宇宙的时间尺度来看，第一代恒星只存在了很短的时间。仅仅几百万年后，它的燃料就已耗尽，核聚变也不再发生了。此前，核聚变的辐射压可以抵消恒星的引力，以保持恒星的平衡状态。然而一旦燃料耗尽，万有引力就占据了上风，在几分之一秒内，恒星就开始坍缩。此时，骤增的压力将所有物质挤压成一堆致密的中子。中子核的表面会产生冲击波，导致恒星的外壳爆炸。于是，物质就会被抛入宇宙中，同时形成更重的元素，比如银和钯。新一代恒星的构成材料正是这些被抛向宇宙中的气体云和尘埃云，它们耗能相对较少，因此可以燃烧得更久一些。

➤ 你知道吗？

　　第一代恒星只有数百万年的历史，如今已不复存在。然而，2015 年，我们在 CR7 星系发现了第一代恒星存在的证据。CR7 星系位于可见宇宙的边缘，是最早形成的星系之一。

宇宙的循环：恒星爆炸，喷射出气体云和尘埃云，又形成了新的恒星和行星。

下一代恒星

恒星燃烧殆尽后，外壳爆炸，从而产生气体云和尘埃云，以及一些较重的元素。它们在星际空间中聚集，从而构成了新的恒星。第二代以及之后的每一代恒星，即使质量很小也能被点燃，从而更加节省燃料，也使得其中心温度和内核压力都相对较低。因为燃烧时间更长，以及恒星之间借由引力作用相互吸引，于是形成了群体。在几亿年后，出现了由恒星组成的大型星岛屿，也就是星系。

星系的出现

在引力的作用下，恒星彼此靠近。它们运行的轨迹并不是一条直线，而是螺旋式的。气体云、尘埃云和恒星犹如一个整体，在涡流中快速旋转。引力拉动着物体向内聚合，离心力又把它们往外牵引。最终，所有的气体云和恒星，都会达到向心引力和离心力的平衡。原本呈不规则形状的气体云逐渐变成了圆盘形。在某些区域，气体密度相当高，因此会形成更多更明亮的恒

并不是所有天体都能形成恒星。褐矮星的质量太小，不足以在核心点燃聚变反应。因为温度低，它可见光波段的亮度就很小，辐射主要集中在红光波段内，所以很难被发现。

恒星托儿所：在小麦哲伦星云的外围，不仅有气体云和尘埃云，还有一个 500 万岁的年轻星团 NGC 602。

恒星系统

大多数恒星并不是单一存在的。两个或者多个恒星会受到引力的拘束而互相环绕，形成恒星系统。它们同时诞生，围绕着彼此旋转。如果你站在某个绕恒星系统旋转的行星上，就会看到天空中有好几个太阳。

涡流的产生

气体云由于引力而坍缩，就会形成涡流。气体云开始旋转，其方向和速度会因为位置的不同而有所差异。在一些位置，气体云团块因为受到挤压而变得非常不稳定，从而发生坍缩，外缘物质自由地向中心坠落聚合。很快一些原恒星就会形成，并从周围环境中吸收更多的物质。现在，在这个恒星托儿所里，正上演着一场真正的物资争夺战。在这场混战中，那些质量较小的弱者会被抛出星团，而质量最大的原恒星则吸积了大量物质，足以下达"恒星控制指令"，在中心开始核聚变反应。然后，恒星会辐射出气体云和尘埃云残骸，由几十到数千颗恒星组成的星团便可以在星云中孕育而生。

星。旋涡星系及其长且弯曲的旋臂也是这样形成的。当然，旋涡星系的转动很慢，旋转一周需要数亿年。

银河系：我们的家园

大约在 135 亿年前，我们所生活的家园——银河系诞生了。它的直径有 10 万光年，至少包含了 2000 亿颗恒星。46 亿年前，在银河系的其中一条旋臂上，在气体云和尘埃云中形成了一颗对于我们至关重要的恒星——太阳。在前代恒星死亡时，恒星核合成中所产生的重元素被抛出，成为星际物质，太阳系从中形成。随着太阳的诞生，行星也应运而生，其中包括了水星、金星、地球和火星等固态行星，以及木星、土星、天王星和海王星等气态行星。所以说，太阳、地球，以及我们人类本身都是由星尘构成的。

恒星生命的终结

天琴座中的环状星云 M57 来自一颗在 2 万年前脱落了外部物质环的恒星。在环的中心，有一颗白矮星。

恒星的生命历程长达数十亿年，天文学家不可能从头到尾进行追踪观察。但是，他们可以通过观察各个年龄的恒星来研究其生命的不同阶段。太阳是距离地球最近的恒星，也是最好的研究对象，我们甚至可以对其表面情况进行观察，比如太阳黑子的形成，或是核聚变爆炸，还有天空中的其他恒星，即使在我们看来只是一个小小的光点，也依然展现着它们生命的历程，以及最后的终结。

恒星的分布

恒星的大小、质量、温度和化学构成各不相同，人们根据其表面温度和光度进行了排序。从图表中可见，恒星并不是平均分布的，而是形成了有规律的序列。燃烧比较稳定、处于生命周期中间阶段的恒星呈对角线分布在主序带

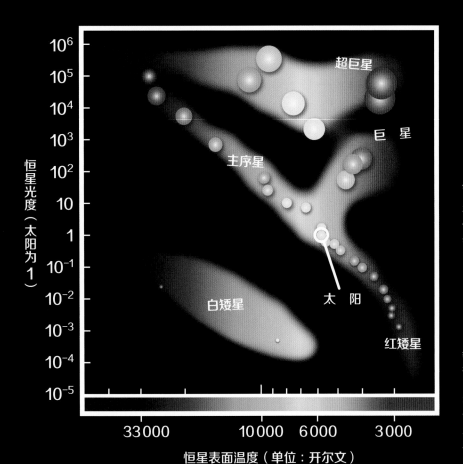

恒星光度（太阳为 1）

恒星表面温度（单位：开尔文）

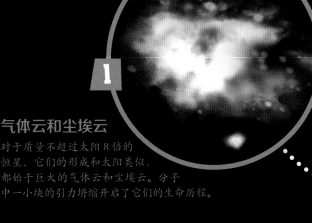

气体云和尘埃云

对于质量不超过太阳 8 倍的恒星，它们的形成和太阳类似，都始于巨大的气体云和尘埃云。分子中一小块的引力坍缩开启了它们的生命历程。

赫罗图（HRD）以天文学家亨利·诺利斯·罗素和埃希纳·赫茨普龙的名字命名，该图通过光度和颜色（表面温度）将恒星进行分类。温度较高的恒星位于图的左侧，较低的位于右侧。光度大的恒星位于图的上方，发光暗弱的则位于下方。

红巨星

恒星中心核的氢核不断燃烧，转化成氦核，环绕着内核的外壳便会熔化坍塌。此时恒星膨胀变成红巨星。最后，内核和外壳上的氦原子核会核聚变为更重的原子核。

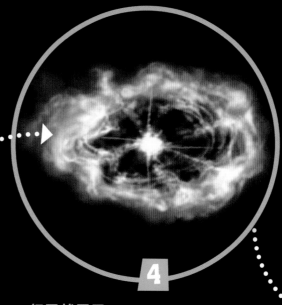

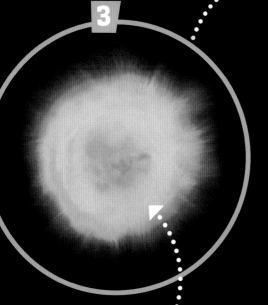

3

白矮星

白矮星不再有能量产生，它慢慢冷却，转变成一颗不可见的黑矮星。白矮星的密度非常大，从上面挖下小小1茶匙（约5毫升），约等于地球上的数吨重量。

4

5

行星状星云

当所有燃料消耗殆尽后，聚变反应就停止了。恒星开始坍缩，外部气层分离脱落，形成行星状星云，而中心会留下一颗白矮星。

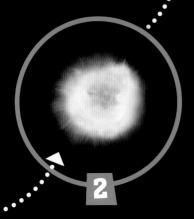

2

恒星的诞生

温度和压力持续上升，在大约1000万开尔文时，核聚变开始，于是一颗新的恒星诞生了。它位于赫罗图的主序星上，在此度过生命中90%的时间。

上。分布在主序带右上方的是红巨星，它们的质量比较小，表面温度也比较低，光度较弱。红巨星上方分布的是质量较大、温度较高的超巨星。在主序带的中部位置分布着黄矮星，太阳也位于此。太阳是一颗质量、光度和表面温度都处在中等水平的恒星。

恒星的寿命

位于主序带上的恒星燃烧比较均匀，其内部压力足以和引力相抗衡。恒星的内部压力来自中心核反应产生的能量和热量。借助这股力量，它会向外膨胀，但引力会反向地进行抑制，从而使得其保持相对稳定的状态。只有当燃料耗尽时，恒星才会达到临界点。此时，恒星的燃烧变得不规律，并开始离开主序星阶段。它们的表面温度发生改变，颜色也在改变。天文学家们细致地观测着这些变化着的恒星们。红矮星燃烧得很慢，能够节省能量，因此寿命更

长。根据其质量的不同，它们的寿命可到达数十亿年至数百亿年不等。相较而言，太阳的温度稍微高一些，其燃烧过程中耗能较多，科学家据此推测，它的寿命约为100亿年。目前，太阳已"年近半百"了。那些质量更大、温度更高的恒星，在燃烧时会消耗更多的燃料，寿命也相应更短。

恒星还有轻量级？

如果一颗恒星质量小于太阳的一半，那么在其整个生命过程中，只是在内部不断发生从氢核转化为氦核的核聚变反应。因为质量过小，它内部产生的压力和温度不足以把氦聚合成更重的元素。等到氢燃烧殆尽，星体便会塌缩。然后，渐渐冷却，消失。小质量恒星以黑矮星的"身份"走完生命最后的历程，之后也不会演化为行星状星云。真是庸庸碌碌过一生啊！

恒星的爆炸

超新星 1987A

这颗超新星遗迹于 1987 年在大麦哲伦星云中被观测到，它早在 16.3 万年前就爆炸了。

质量较小的恒星缓慢燃烧，或是膨胀为红巨星。然后，恒星的外部气层脱落，其余部分形成白矮星。质量为太阳 8 倍以上的恒星，其生命的终结历程则更加壮观。首先它外部膨胀，成为红超巨星。之后核心坍缩，通过剧烈爆炸自毁，这一过程被称为超新星爆发。在这段时间内，一颗超新星所辐射的能量与太阳在其一生中辐射能量的总和不相上下。

爆炸残骸

红超巨星爆炸的残骸会凝聚为中子星，如果质量够大，则直接坍缩为黑洞，两者的密度都非常大。中子星差不多只有一个城市那么大，却聚集了整颗恒星的质量。在密度巨大的中子星中，电子被压缩在原子核中，同质子中和为中子，使原子变得仅由中子组成。黑洞的密度则比中子星还要惊人，它是宇宙中的庞然大物，我们无法直接观测，只能间接证明它的存在。

超巨星

根据自身质量的不同，恒星持续进行着不同程度的膨胀，之后再次收缩，这是各种核聚变反应的结果。在此过程中，氢核也会聚变成更重的元素，如碳、氧和硅。质量特别大的恒星，其内核温度可达二三十亿开尔文。在红超巨星阶段，铁元素是这种极端环境下最重的元素。

星光闪耀

原恒星继续吸积着物质，质量越来越大。随着内部压力和温度的升高，进而发生聚变反应，氢核转变为氦核。在能量释放的过程中，恒星发出光芒。越是质量大的恒星，氢元素燃烧得越快。

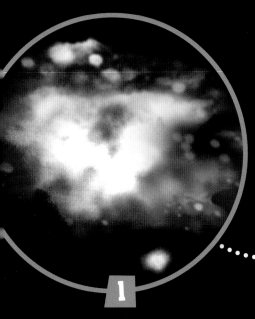

1

气体云和尘埃云

对于质量较大的恒星来说，其生命始于气体云和尘埃云。它们聚集在一起，形成了原恒星。此时，其内部的压力和温度都太低，因而无法发生核聚变反应。

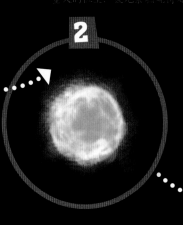

2

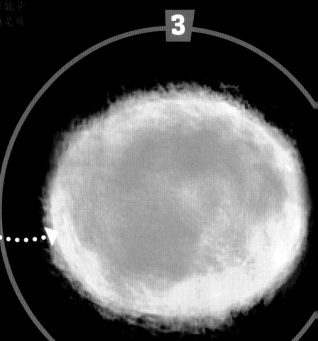

3

大麦哲伦星云是银河系的伴星系，在其中可以找到一些超新星遗迹，N63A 就是其中之一。

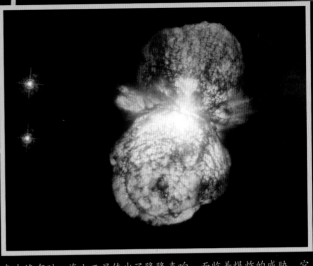

新生元素

超新星释放大量中子。它们原子核中的电中性粒子，如果被原子核捕获，就会触发核反应，从而产生更重的元素。超新星所喷射出的气体云和尘埃云可以形成新一代的恒星和行星。同时，超新星爆发产生的冲击波也触发新的恒星诞生。

来去终有时，海山二星传出了隆隆声响，面临着爆炸的威胁，它不断地抛出气体和尘埃。一个半世纪以前，一次非常剧烈的爆炸使它成为天空中第二亮的恒星。如今，它已经无法用肉眼观测到了。它的质量是太阳的 100 倍以上，在不久的将来，也许是明天，也许是数百万年后，它会以超新星的"身份"再次闪亮，并且很有可能化身为黑洞，从而结束一生。

生命终点站：超新星

铁元素是核聚变反应中所能产生的最重元素。恒星在燃料耗尽后，就不再产生任何能量了。因为引力过大，它在数秒内瞬间崩溃，坍缩为一个直径为数千米的球体。冲击波会把恒星的外部气层抛向宇宙中。恒星在超新星阶段的亮度可达到 100 万个太阳的总亮度。它所释放的电磁辐射经常能够照亮其所在的整个星系。

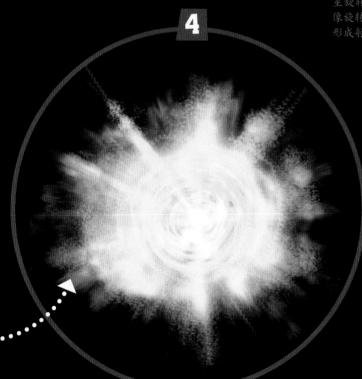

4

中子星

遗留下来的中子星结构紧凑，密度极大。带负电荷的电子和带正电荷的质子结合，形成了电中性的中子。中子星旋转速度极快，它发出的射电波束像旋转的灯塔那样，一次次扫过地球，形成射电脉冲。

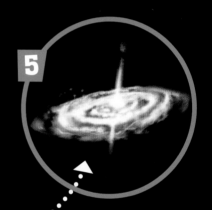

5

5

黑 洞

如果超新星爆发的残骸质量比 3 个太阳还大，就会塌陷成黑洞。黑洞中心的引力非常强，以至于它周围的光都无法逃逸，因而我们无法通过肉眼观测。但是，物质的吸积、温度的升高和周围的辐射都能暴露黑洞的存在。

我们是
由星尘组成的

地球上的天然元素有 92 种，它们构成了我们生活的世界。氢原子是质量最小、结构最简单的元素，最重的是铀元素。这些元素并非一开始就存在，它们经历了漫漫长路才逐渐形成，从而构成了我们的地球，以及地球上所有动物、植物，也包括我们人类。人类之所以存在，则归因于宇宙中发生的一系列激烈且可怕的大事件。

"增殖"和爆炸

宇宙大爆炸产生了氢和氦，它们是构成宇宙的基本成分。而只有在恒星内部，才能"孕育"出更重的元素，成为宇宙中的新材料。核聚变就是质量较轻的原子核聚合为质量较重原子核的过程。还有一些元素对人类的起源也至关重要，但它们是以一种非常奇特的方式产生的，比如超大质量恒星演化到末期，发生超新星爆炸。一部分爆炸的残骸会变成中子星，中子星在相互碰撞时就产生了诸如金、银等元素。由此可以断言，我们是由星尘组成的。宇宙中的爆炸此起彼伏，人类身处其间安然无恙，并有幸获取品种丰富的元素，真是太幸运了。

三叶虫

组成生命的物质

太阳以及太阳系中包括地球在内的行星，都是由气体云和尘埃云聚集形成的。恒星燃烧和爆炸产生的残骸、飞落的陨石以及彗星残留物，把形成生命所必需的一些物质带到了地球。如果没有这些发生在宇宙中的事件，地球上就不会出现三叶虫、恐龙等史前动物。

宇宙塑造了人类

我们的身体由许多元素组成，其中一部分早在宇宙大爆炸后不久就形成了，比如氢（H）。氢元素已有 136 亿年的历史，大约占据了我们体重的 9.3%。也就是说，人体中差不多十分之一的物质和宇宙一样古老！

在大爆炸之后的漫长时间里，其他一些重要元素在恒星内部核聚变和恒星爆炸的过程中陆续产生。我们体内大约 56.1 的成分是氧（O），它由氢原子在恒星核内聚变而成。氧元素大多以水（H_2O）的形式存在，我们体内大约 60% 到 70% 的重量都来自水。碳元素（C）占据了我们身体的 28%，它也是构建地球生命的基础元素。

细 胞

磷（P）虽然只占人体体重的 1%，但在细胞的能量供给中发挥着重要作用。磷元素在恒星内形成。

血

铁（Fe）对于血液中的氧气输送至关重要，它是在比太阳质量更大的恒星内"孕育"而成的。

蛋白质

镁（Mg）是在恒星的内部形成的，它对于蛋白质的形成和肌肉的生长必不可少。

头 发

人体中含有 0.2% 的硫（S），它存在于蛋白质分子中，比如我们的头发和指甲。硫同样起源于恒星内部。

大 脑

氯（Cl）占据了我们体重的 1%，它与钠（Na）结合后，形成了氯化钠（NaCl），也就是食用盐。钠和钾（K）共占据体重的 0.25%，它们在神经传导中起到了重要作用。钠、钾和氯也是从恒星内部"孕育"而成的。

牙 齿

氟（F）也是恒星的产物之一，它存在于我们的牙釉质内。

微量元素

人类生存所必需的微量元素，比如碘（I）、锌（Zn）和硒（Se），是伴随着超新星爆发释放出来的。

肌肉组织

在恒星中形成的氮（N）占我们体重的 2%，它是氨基酸的重要成分。氨基酸构成了我们的肌肉组织。

骨 头

钙（Ca）占据体重的 1.5%，它组成了骨头和牙齿。钙也是在恒星核聚变的过程中产生的。

系外行星

太阳被八颗行星环绕，宇宙中并非孤此一例。近年来，我们也陆续发现了几百颗行星，它们围绕着其他恒星转动。每一年，我们已知的太阳系外行星数量都会增加。系外行星也被称为外星行星，它们围绕着所有生命阶段的恒星运行，这些恒星有的炙热，有的寒冷。行星似乎是伴随着恒星的出现自然形成的。然而，系外行星以及在其周围依照闭合轨道进行周期性运行的系外卫星，总是吸引着好奇的人们，因为那里有可能存在着外星生命。

寻找行星

如果想要寻找系外行星，就必须非常仔细地进行观察。系外行星非常小，而且近距离围绕着中心恒星运行，很容易被恒星的光芒掩盖，因而只有在极个别的情况下才有可能直接拍摄到系外行星。通过对恒星光谱的反复分析，我们发现了更多的系外行星。因为这些行星实际上并没有围绕着中心恒星运行，而是恒星和行星都围绕着它们共同的质量中心旋转。我们并不能看到行星本身，然而如果从侧面观察恒星的运行轨道，我们可以看到运行中的恒星会稍微靠近或者远离我们。恒星光谱也可以反映这种细微的移动，暗色吸收线时而向短波区移动，时而向长波区移动，所以多普勒效应表明了行星的存在。如果我们从垂直方向，也就是从恒星和行星的运行轨道上方观察，就无法发

现光谱的改变。不过，我们可以根据视差法，反复测量近距离恒星的位置改变，从而推测出行星的质量。

小小的黑暗

当我们从侧面观察行星系统时，有规律的小日食现象也能够揭示系外行星的存在。当行星漫游过恒星中心的物质圆盘前方，会挡住一小部分的光。这类似于我们看到的日食，也就是月亮运行到太阳前方时遮挡住太阳光的现象。这种小小的黑暗在行星运行的过程中会反复发生。在 2009 至 2013 年间服役于美国航空航天局的开普勒太空望远镜正是捕捉这类行星的专家，而这种侦测系外行星的方法也被称为凌日法。开普勒太空望远镜发现了数百个系外行星，其中包括许多沿着恒星附近轨道运行的大型行星。这些行星是大而热的气态巨行星，并不适合生命生存。德国航空航天中心预计会在 2024 年发射"柏拉图"号探测器，以发现更多的系外行星。"柏拉图"号的镜头尤其擅长寻找地球般大小的岩质行星。

类太阳恒星 HD 40307 拥有 3 颗行星，行星质量介于地球的 4 至 10 倍之间，被称为"超级地球"。它们分别以 4 天、10 天和 20 天为一个周期围绕着母星运行。

第二个地球

"系外行星猎人"计划的天文学家和天体生物学家对某些行星尤为感兴趣。它们的大小和地球类似，在一定距离内围绕恒星运行。行星和恒星之间有一段宜居带，被认为有更大的机会拥有生命，或者至少拥有生命可以生存的环境。在"第二个地球"上是否已经衍生出了智慧的物种，我们尚不得知。

图中的绿色宜居带是可以存在液态水的区域，范围大小取决于恒星的质量和光度。距离中心恒星太近的行星会由于温度太高而导致水分蒸发，而处在宜居带外的行星则会因为温度太低而无法形成液态水。系外行星开普勒 452b 和地球一样，围绕着一个类似太阳的恒星运行，因而其表面环境与地球十分相近，具有孕育生命的可能。

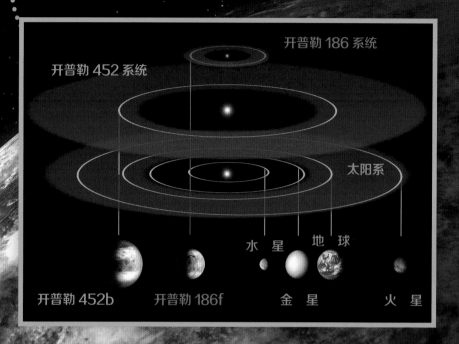

比一比

水星是太阳系八大行星中体积最大的行星，大小都快赶上太阳了。但这个气态巨行星只相当于图中的一个小黑点，实在很难被发现。

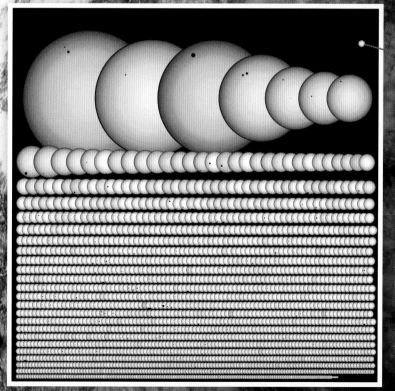

开普勒太空望远镜迄今为止共发现了 2326 颗疑似行星候选者，根据它们母星的大小进行了排序。恒星上的黑点代表了这些行星。虽然在一些恒星系统的内部已经发现了行星，但仍然很难在围绕恒星运行的原行星盘中找到年轻行星存在的迹象，因而地球的诞生依然是未解之谜。

外星人，请报告！

著名的哇信号：这些扭曲的字母和数字并不是随机密码，而是表示信号强度和频率的代码。

天文学家已经发现了数百颗围绕着其他"太阳"旋转的行星，然而在茫茫宇宙中，它们只是沧海一粟。仅仅在银河系内，大概就有数十亿颗行星，其中一定有许多处在围绕中心恒星的宜居带内，因此可能存在着生命，甚至可能演化出了高级智慧的生物。或许某一天，我们会收到外星生物发来的讯息，也或许，他们已经尝试过了？

哇信号

有些声音太过微弱了，只有拥有灵敏的耳朵才能听到。所以，无线电天文学家在美国俄亥俄州建造了大耳射电望远镜。但是他们接收到的无线电信号要么是来自地球的干扰，要么是来自宇宙诞生时的自然辐射。毕竟，宇宙中存在着太多的射电源，它们与外星人毫不相干。为了寻找外星智慧生物的存在迹象，科学家在 1977 年的 8 月 15 日用大耳射电望远镜再次聆听了来自宇宙的声响。在这个特别的日子里，望远镜的天线接收到了长达 1 分钟的特殊强信号。天体物理学家杰里·赫曼在计算机打印输出纸上把它圈了出来，并在纸的边缘写下了表示惊叹的"哇"（Wow！）。与此同时，人们也开始关注这个外星文明尝试与外界沟通的射电信号。直至今日，研究人员也没有停止对于这个信号的种种猜测。这真的是外星生物联系外界的一次尝试吗？抑或仅仅只是一次脉冲星的爆发？在 1973 至 1995 年间，即使进行了非常努力的搜索，我们也再没有接收到其他类似的信号。

阿雷西博信息是一串二进制数字，也就是用 0 和 1 进行编码。它包含了人类的生化资料、太阳系和地球的信息，并通过阿雷西博射电望远镜射向太空。

好多耳朵啊！艾伦望远镜阵列（ATA）的天线也能接收外星文明信号。之后，它会被扩建成包括 350 个 6 米高的碟形天线的阵列。

通过阿雷西博射电望远镜，我们以球状星团 M13 为目标，把信息射向太空。M13 距离我们 2.5 万光年，包含约 30 万颗恒星。即使那里有能够破译这些信息的智慧生命，5 万年后人类才能接收到回应。

寻找外星人

没准外星人早在很多年前就已经发现我们人类了。我们通过天线发射广播和电视节目信号，而这些信号也会辐射到宇宙中。同时，为了科学探测，我们也会向太空发射信号，比如位于波多黎各山谷中的阿雷西博望远镜，其口径超过了300米。一些远及外太阳系的空间探测器，如先驱者10号和11号以及旅行者1号和2号，也携带了我们人类的信息。然而，它们之于宇宙，只是浩瀚星海中小小的漂流瓶，外星人意外捡到的概率，实在是太小了。

假如他们真的来了？

但是，一旦外星人发现我们，会发生什么呢？他们会历经漫长的太空之旅，跋涉至此吗？这趟旅程可真是异常艰巨，而且耗资不菲，他们很有可能是为了寻找一颗新的行星，作为可以殖民的新家园。我们会遭遇什么？高度发达的外星文明，对人类的生存恐有不利。因此一些科学家认为，我们应该尽可能"保持安静"，只将天线切换到接收状态。

外星人在我们中间？

如果有一天，外星人出现在我们面前，我们能够认出他们吗？作为拥有高级智慧文明的生物，他们也许觉得我们这种最原始的生命状态枯燥乏味极了。他们驾驶着宇宙飞船从我们身边穿梭而过，我们却可能毫无觉察，就像在森林尽头蚁穴中生活的蚂蚁，丝毫不知道在几千米之外的快车道上疾驰的汽车，也不知道里面坐着我们人类。

不明飞行物（UFO）曾多次被发现，但大部分都被确认为自然现象，或是子虚乌有的捏造。

一切都只是我们的臆想？外星智慧生命与人类的第一次接触将会是怎样的情形？我们无从得知，只希望世界和平！

这些恒星跑得太快了!

旋涡星系由围绕中心旋转的许多恒星组成。薇拉·鲁宾在 20 世纪 70 年代测定了这些星系内恒星的运行速度。她发现,这些恒星以每秒 200 千米的速度高速运转。事实上,按照这个速度,这些星系本应该分崩离析。对此只有一种解释:除了可见的恒星以外,星系内还有一种看不见的物质——暗物质,暗物质将星系保持在聚合的状态。

薇拉·鲁宾

这个女天文学家早在 10 岁时就为恒星深深着迷。14 岁时,在父亲的帮助下,她建造了第一台望远镜。

暗物质

弗里茨·扎维奇

瑞士物理学家弗里茨·扎维奇 (1898—1974) 提出了很多惊人的猜想。他推测,超新星爆发是恒星坍缩的结果,我们可以利用它来测量天体距离。

恒星、行星、卫星、气体云和尘埃云都由物质组成,它们发出光或反射光,同时也吸收光,而吸收意味着吞噬或阻挡。这些可被天文学家通过望远镜观测到的物质,被称为重子物质,桌椅、雏菊、蚯蚓以及我们人类都属于重子物质。然而,这些可见的物质只是宇宙中所有物质的二十分之一,占据更大部分的是我们无法看见的其他物质形式。因为神秘莫测、让人费解,人们称其为暗物质。暗物质不发光,也无法阻挡光线。按照物理学家的说法,它不参与电磁相互作用。但是,暗物质可以通过引力作用证实自身的存在,而且通过引力可以与普通物质发生交互。

神秘而黑暗

瑞士物理学家和天文学家弗里茨·扎维奇首先推断看不见的物质的存在。他计算了星系团的质量,并对所有可见的恒星、气体云和尘埃云进行计数,最后得出结论,星系团太轻了,它的引力根本不足以使其聚集在一起。20 世纪 70 年代初,薇拉·鲁宾发现,在旋涡星系旋臂外围的恒星,其围绕中心旋转的速度远远超出

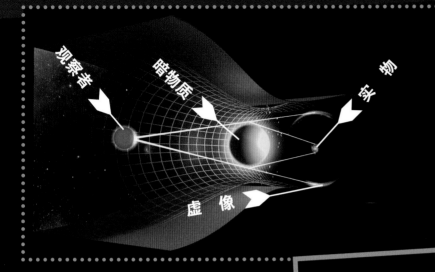

引力透镜效应

　　质量导致时空畸变，因此使得光线扭曲。物体质量越大，光线偏转程度就越大。星系团是宇宙中质量最大的物体，其表现尤为明显。星系团可以"绘制"出远处星系的扭曲图像，根据质量的不同，呈现出环形、环段、马掌形或者很多点的样貌。星系团引力透镜的光学效应证明了：星系团不只由可见的物质组成，还包含了大量的暗物质。

预期。事实上，在如此高速运行的状态下，星系会出现解体。扎维奇和鲁宾的观测结果表明，宇宙中存在着一种神秘的暗物质，它包围着星系和星系团，并将其聚集在一起。

爱因斯坦环

　　星系团中的暗物质可以通过巨大的引力扭曲光线，从而引起物体影像的扭曲。这与凸透镜能将平行光线聚焦于一点的工作原理类似，因此人们称之为引力透镜效应。在理想情况下，光源形状可以呈一个完整的环形，但我们通常只能看到其中的一部分。这个环被称为爱因斯坦环，因为这个效应来自阿尔伯特·爱因斯坦的相对论预测。

寻找暗物质

　　人们确信，暗物质是由一些未知的基本粒子构成的。为了证明这种暗物质粒子的存在，人们使用深埋于矿山下的高灵敏探测器进行实验，这样可以屏蔽外界的辐射干扰。研究尚无进展，目前还没有发现暗物质粒子的迹象。还有一种在国际空间站（ISS）工作的粒子探测器，同样一无所获。因此，对于暗物质本质的研究仍是当今观测宇宙学的最主要问题之一。

一个 80 亿光年外的类星体会被距离我们更近的大质量星系团弯曲成四个不同的影像，这被称为爱因斯坦十字。这种类似恒星的天体实际上是一个星系。

知识加油站

▶　暗物质是一种看不见的物质，它比已知的可见物质要丰富得多。

▶　它可能由某种未知的基本粒子构成。

▶　暗物质的存在只能通过引力作用被间接证实。

▶　它是恒星和星系的重要组成部分，参与了恒星和星系的形成。

宇宙中的侦探

　　阿尔法磁谱仪（AMS）是一个安装在国际空间站的探测器，被用于研究暗物质发出的宇宙辐射。这个探测仪器大约 7 吨重，由一个巨大的永磁体组成，可以使掠过的带电粒子发生偏转。根据粒子偏转的曲率，研究人员可以推断出其电荷和能量。

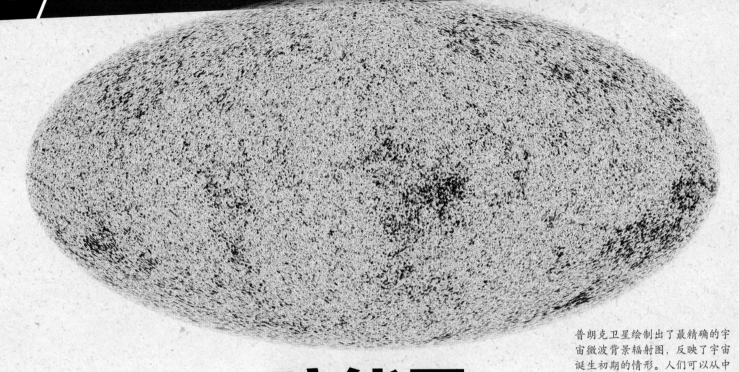

普朗克卫星绘制出了最精确的宇宙微波背景辐射图，反映了宇宙诞生初期的情形。人们可以从中看出宇宙中许多大小不一的"热点"与"冷点"。在温度低且恒星密集的地方，出现了第一个星系。

暗能量

爱德文·哈勃是证明宇宙膨胀的第一人。但这种膨胀会持续多久呢？到了某个时刻，它必定会停止！那就是宇宙大爆炸产生的能量耗尽之时。此时，引力逐渐占据上风，星系之间将相互靠近。但是并没有迹象表明几十亿年间宇宙膨胀速度的减缓，以及最终力的逆转和宇宙的收缩。恰恰相反，在大约50亿年的时间里，一股神秘的力量在加速宇宙的膨胀。宇宙学家将这种驱动宇宙运动的能量称为暗能量。然而，除此之外，我们一无所知。因此，暗能量成了宇宙中最大的谜团之一。

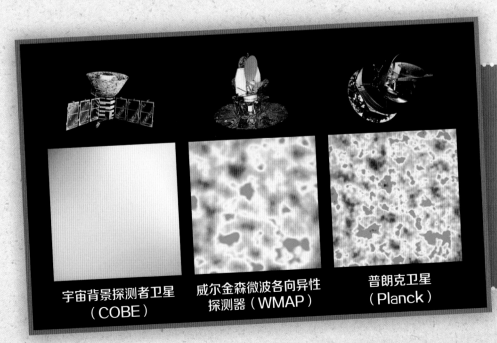

宇宙背景探测者卫星
（COBE）

威尔金森微波各向异性
探测器（WMAP）

普朗克卫星
（Planck）

人造卫星

这三颗卫星都被送入了太空，它们能够帮助我们追溯宇宙的过去。它们对宇宙微波背景辐射分布的绘制越来越精确，也越来越详尽。在宇宙大爆炸38万年后，电磁波才得以在空间自由传播。不同的颜色代表了宇宙温度和宇宙微波背景辐射密度的细微差别，这种波动促进了星系的形成。根据辐射全景图可以推断，宇宙已经在138亿年前诞生，并且绝大部分由暗能量组成。

黑暗之谜

通过观测和比较 Ia 型超新星爆发后视星等的变化，天文学家于 1998 年发现了暗能量。Ia 型超新星的亮度几乎恒定，天文学家通过测量其视星等，就可以知道它和地球或银河系之间的距离，进而测定其运动速度。通过测量星系光谱的红移量，即逃逸速度，可以估算出宇宙在不同时期的膨胀速度。天文学家发现，过去的 50 亿年里，宇宙在加速膨胀——与他们之前的预期截然相反。这简直是轰动天文学界和宇宙学界的惊人发现。人们认为，一定存在着某种物质，它的存在可以抵消引力的反作用力。但是直到今天，研究仍没有取得任何新进展，一切依然是一团迷雾。暗能量是什么？它来自何处？未来又会变成什么？我们无从得知。

已知的部分

未知的部分

宇宙知多少？

我们被光和物质包围着。物理学家用科学理论描述世界，他们把光解释为电磁辐射。我们触手可及的物质，也可以被分解为最小的结构。然而这些可见的重子物质只占宇宙的 5%，它们组成了星系、星云、恒星、行星、细菌、植物、动物以及我们人类自身，此外 27% 是暗物质，还有 68% 是暗能量。由此可知，95% 的宇宙是"黑暗的"，充满了无限的未知。如果把暗物质和暗能量比作黑色的糖果，已知的物质比作彩色的糖果，将它们按比例混合，我们就能明白人类对宇宙到底知多少了。

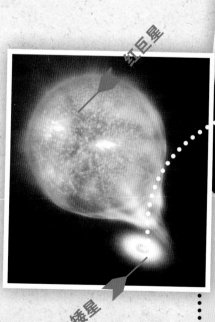

红巨星

白矮星

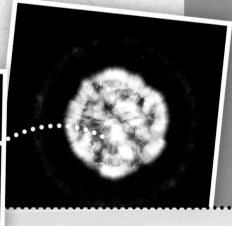

什么是 Ia 型超新星？

恒星在燃料耗尽后，会变成白矮星。Ia 型超新星的形成需要一个双星系统，一个是巨星，一个是白矮星。质量极大的白矮星吸取巨星的物质（主要是氢），当质量增加到其最大稳定质量极限时，会发生碳爆轰和大规模的超新星爆发。天文学家可以根据超新星的亮度来确定它们的距离。

宇宙的未来

高等生物的灭绝其实早就发生过了。就像 6600 万年前那样，一颗巨大的小行星撞击地球，引发了全球性的灾难，造成了恐龙的灭绝。

自 138 亿年前的大爆炸开始，宇宙就在不断地膨胀，这一切还会继续吗？未来的宇宙会发生什么呢？这都和其膨胀速度有关。事实上，由于引力作用，宇宙的膨胀速度本应该逐渐减缓。但引力又取决于宇宙中的物质，物质质量越大，膨胀速度越慢。宇宙中包含了大量暗物质，以及占比更多的暗能量。暗物质和普通物质共同作用，减缓了宇宙的膨胀。另一方面，暗能量则推动着宇宙的膨胀。只可惜，我们对暗能量几乎一无所知，因此也无法断言，在未来，宇宙会变成什么样子。

大坍缩理论

在暗能量被发现之前，很多宇宙学家认为，引力会使得宇宙膨胀的速度越来越慢。在未来，如果宇宙中有足够的物质，引力将会占据主导地位，使宇宙停止膨胀。由于星系重心吸引力作用向内部坍缩，使所有星系越聚越紧，最后形成一个紧密的物质团，从而摧毁宇宙中所有的生命。宇宙大坍缩是大爆炸的逆过程，现在被证明不太可能发生。

大撕裂理论

如果暗能量一直加速扩张，那么会发生什么呢？宇宙中所有的物体会越来越快地互相远离。星系会离我们越来越远，只能看到银河系和比邻的星系，直到各种星系的光线无法到达地球。最后，宇宙会以"大撕裂"的方式爆炸终结。暗能量具有强大的相斥力，把被万有引力束缚在一起的天体剥离开来，宇宙中任何靠万有引力支撑的东西都将发生分裂。所有物质，大到行星系统，小到原子，都将被撕碎。

大寒冷理论

另一种可能的未来是"大寒冷"，又被称为"大冷寂"，物理学家也将其称为"宇宙的热寂"。无论如何，结局都是悲惨的：宇宙不断膨胀，无限稀释，物质无法聚集成团，再也不会有新的恒星形成。现存的恒星终有一日会燃烧殆尽，走向死亡。于是，宇宙越来越黑，越来越寒冷，也越来越孤独。

➤ 你知道吗？

直到 100 年前，人们依然相信我们生活在一个静止的空间中，一切都不会发生改变。甚至是伟大的物理学家阿尔伯特·爱因斯坦，最初也不愿承认宇宙在持续膨胀。

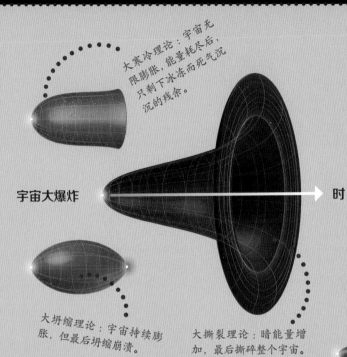

大寒冷理论：宇宙无限膨胀，能量耗尽后，只剩下冰冻而死气沉沉的残余。

宇宙大爆炸

时 间

大坍缩理论：宇宙持续膨胀，但最后坍缩崩溃。

大撕裂理论：暗能量增加，最后撕碎整个宇宙。

婴儿宇宙：宇宙坍缩，并从中产生一个新的宇宙。

宇宙和它的未来

　　通过宇宙大爆炸理论，我们可以描述宇宙的诞生和演化。但未来又将如何呢？宇宙会永久存在吗？还是会以毁灭终结？抑或还有可能重生？从目前看来，宇宙的质量还不足以阻止其膨胀。很有可能，"大寒冷"和"大撕裂"就是它的未来。其中概率更大的是"大寒冷"，这一切都取决于暗能量的下一步行动。只要暗能量之谜没有解开，一切尚无定论，皆有可能发生。

未来 10 亿年，太阳的亮度将比现在增强 10%，
地球表面温度将会达到 50 摄氏度。

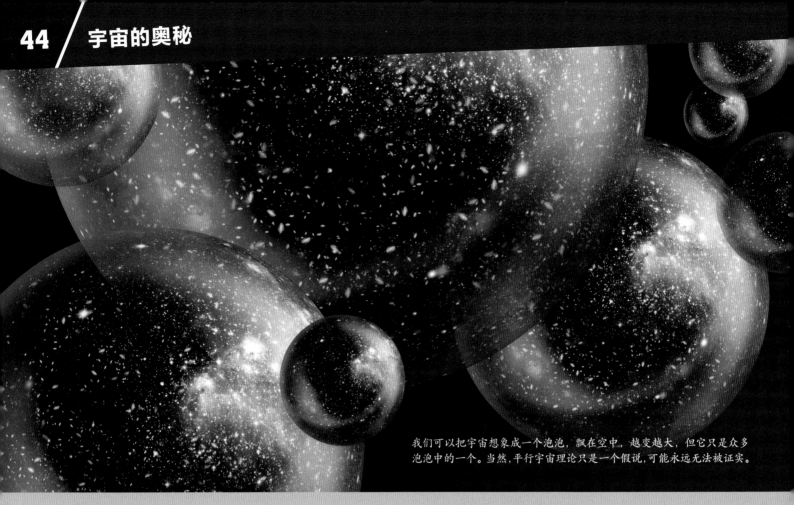

我们可以把宇宙想象成一个泡泡，飘在空中，越变越大，但它只是众多泡泡中的一个。当然，平行宇宙理论只是一个假说，可能永远无法被证实。

一个、两个、三个……
好多好多宇宙

宇宙之大，真是让人眼花缭乱，目不暇接。约 138 亿年前宇宙大爆炸以后，它就一直在膨胀。我们可以把这个空间想象成一个球体，地球、太阳和银河系都在其中。这个球体的半径大约是 460 亿光年，即 4×10^{23} 千米（400000000000000000000000 千米）。

它的背后是什么？

球体的外面还有什么呢？宇宙还会继续向外延伸吗？答案取决于宇宙学家所说的空间曲率。其中有三种可能性：宇宙是闭合的、平坦的或者开放的。根据对于宇宙微波背景辐射的精确测量，科学家发现，宇宙最有可能是平坦的，并且向外无限扩张。因此，在我们可视范围以外，也存在着由恒星和行星组成的星系。我们之所以看不到，是因为宇宙还太年轻，来自遥远天体的光线还在前往地球的路途中。

宇宙中可能存在连接两个不同时空的狭窄隧道，科学家称之为虫洞。要想进行瞬时的空间转移，需要先找到这些虫洞，撑开洞口。这并非易事，因此，时间旅行也只是人类的幻想。

时空零点

大多数科学家都认为，我们可能永远不会知道在宇宙大爆炸的零点到底发生了什么。大爆炸宇宙论存在一个无限小且充满能量的起始点，即奇点。宇宙论学者在研究宇宙起源时，最多只能计算到在大爆炸之后 10^{-43} 秒，也就是小数点后 42 个 0。这是时间量子间的最小间隔，被称为普朗克时间，以该理论的提出者——德国物理学家马克斯·普朗克的名字命名。然而，这一理论并没有告诉我们，在宇宙诞生的那一瞬间究竟发生了什么？即使是通过大型强子对撞机，物理学家们也无法还原那一刻，他们只能追溯到大爆炸之后的 10^{-30} 秒。

大爆炸之前

在普朗克时间到底发生了什么？全世界的物理学家和宇宙学家都在寻找答案。他们试图接近大爆炸的零点时刻，甚至使用各种理论来描述大爆炸之前的宇宙，比如弦理论和循环量子引力理论，通过复杂的数学方程推导出我们无法想象的多维空间。还有一种猜想，那就是在我们现在这个宇宙出现以前，曾有另一个宇宙存在过，在它坍缩成一个致密炽热的点后，膨胀出这个新的宇宙。遗憾的是，目前没有任何证据可以支持这一假说。

平行宇宙

我们的宇宙也可以理解为平行宇宙里的一个小泡泡。在平行宇宙中，每一个单独的宇宙都有各自不同的物理常数，因而每一个都和其他有所不同。其中大多数宇宙的寿命都不长，短时间内就会坍缩，其他一些则迅速膨胀。很多宇宙还不具备形成恒星、行星甚至生命的条件，但既然假设有无数个宇宙空间存在，那么其中必然有一些可以孕育出智慧生命。在我们所处的这个宇宙中能存在生命，演化出人类，想必不是孤此一例的偶然。

宇宙学的局限

科学理论的确立，必定是先提出假设，然后小心求证。严格来说，理论需要有可证伪性，也就是说，推导出来的结论在逻辑上或原则上

要具备与其发生冲突或抵触的可能。然而目前许多新的宇宙理论并不符合这一点。仅凭望远镜，我们也无法探索宇宙边界之外的世界。因此，平行宇宙理论还只是一种假说。宇宙学还年轻，并且一直处在发展之中，宇宙的未来，真是让人无限好奇。

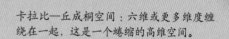

卡拉比—丘成桐空间：六维或更多维度缠绕在一起，这是一个蜷缩的高维空间。

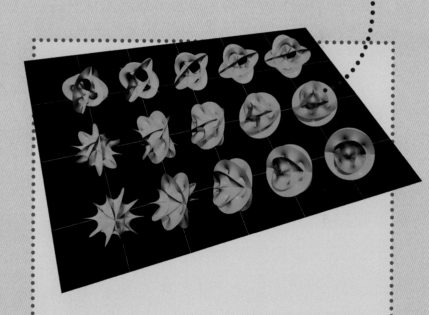

弦理论

在弦理论模型中，自然界的基本单位不是电子、光子、中微子和夸克之类的点状粒子，而是很小很小的线状"弦"。这些细线像吉他弦一样振动，其长度约为 10^{-34} 米。弦理论确信至少需要十个维度才能建立一个理论框架，而我们所熟悉的是只有长、宽、高构成的三维空间，最多只能想象纳入时间这一第四维度的情况。这么多维度，实在是让人头脑错乱，所以研究弦理论的科学家们需要借助数学公式进行描述。

和两个暗黑的家伙谈一谈

宇宙中充满了许多强大而危险的物体，它们有的尖锐刺眼，有的则身处黑暗之中，极具神秘色彩。我们的记者成功找到了两个暗黑的大家伙：神秘莫测的暗物质，还有更加神乎其神的暗能量。这两位朋友让全世界的科学家们都绞尽脑汁。真好奇暗物质和暗能量会透露哪些小秘密呢？

姓 名：暗物质
特 点：扭曲光线，聚集物质
爱 好：制造星系团，把玩引力透镜

啊呀呀！这里好黑啊。你们在哪里呢？暗物质！您好啊！我看不到您呢！

> 暗物质：你的确看不见。你们地球上总是有光。光让我全身发冷。光实在是太荒谬了！我不阻挡光，也不会发光。光实在是……太无聊了。好困啊……

这样啊！您真这么觉得？在我看来，光是个好东西，它能够照亮物体。

> 暗物质：嗯，你不同意也没关系。我认为，光被严重高估了。

但是因为有光，我们才发现了你，还有我们的另一位客人——暗能量。您也在这里，对吗？

> 暗能量：当然，我无处不在。别费心了，你看不到我的，因为光对我而言也无足轻重，不值一提。

您好！但是，光也……

> 暗能量：换个话题，别提光了！引力都让我讨厌，它是我的死敌，尽管我和力更亲近一些。我能炸毁一切，"一切"指的是，整个宇宙！我不断地膨胀、吹气、挤压——普天之下，没有对手。听明白了吗！

但是引力，能把所有的东西都聚集起来，我觉得也很强大。

> 暗物质：呵呵，是吗？但是我几乎是宇宙的重心，是"宇宙的主宰"。
> 暗能量：别吹牛了，小家伙！我才是宇宙，你应该清楚。
> 暗物质：但是我把所有的东西聚集到了一起，这够厉害了吧。
> 暗能量：我能把所有东西拉开！还有比这更厉害的！

你们俩到底谁更厉害？物质还是能量？
我们该怎么比较呢？

　　暗能量：这还不清楚吗？老爱因斯坦的那个
　　公式是什么来着？

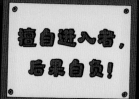

我知道的公式不多，对这个倒是略有了解！
$E=mc^2$。能量和质量是可以互相转化的。

　　暗能量：正确！那么你可以算一下。想一想，宇宙
　　中能找到的所有普通物质的质量有多大？

姓 名：暗能量
特 点：使宇宙越来越快地膨胀
爱 好：保密！

好的。它们有……稍等一下……它们占 5%。
不是非常多。但也不少了！

　　暗物质：我就说嘛！我拥有物质的力量。我是引力
　　之王。
　　暗能量：别激动。你只占宇宙的 27%，我才是绝对
　　多数。我占据整个宇宙的 68%！你的全部加起来，
　　都比不过我！

您做得太棒了。无论物质发光与否，它们总能够
聚在一起。那么您的贡献是什么呢，暗能量？

　　暗能量：哎呀呀呀！你想知道这个啊，但恕我不能透露。
　　暗物质：我也不便多说，只能保持缄默。这其实是一个秘密！
　　现在我继续去宇宙中组建团队啦。
　　暗能量：我就继续膨胀、膨胀、膨胀……

您说得没错，但普通物质发出了灿烂的光芒。
恒星在闪耀，气体云五彩斑斓，光彩夺目。

　　暗能量：只要我愿意，我也可以像这样发光。
　　暗物质：那还不是多亏了我。因为我在这里，一切才
　　能聚集，星系和恒星才得以形成。

好吧，聚集和膨胀都很厉害。感谢两位接受
采访。可惜可惜，我们还是没有挖到秘密。
这两个暗黑的家伙，真是太让人失望啦！

名词解释

首次登月之旅。1969 年，美国宇航员搭载阿波罗 11 号踏上了月球。在浩瀚的宇宙中，这只是人类走出家园的一小步。

吸收线：光源，比如恒星，在光谱中形成的暗线。

反物质：正常物质的反状态。正电子、负质子都是反粒子，与通常所说的电子、质子相比较，它们电量相等但电性相反。

大气层：环绕着行星或者卫星的气体圈。

多普勒效应：位置的改变导致波频率的改变。当声源和光源靠近或远离观察者时，观察者会感受到变化。

暗能量：一种神秘的能量形式，它加速了宇宙的膨胀。

暗物质：一种不可见的物质，占据了宇宙中大部分物质的质量。

系外行星：围绕着其他恒星而不是太阳转动的行星。

星系：许多恒星、气体云和尘埃云的集合，借助引力聚集在一起。

星系团：星系的集合，借助引力聚集在一起。

万有引力：一种使有质量的物体相互吸引的力量。

引力透镜：大质量的天体，如星系或星系团，通过引力作用使光发生弯曲，其原理和凸透镜类似。

核聚变：通过原子核的聚合，释放能量。

光 度：恒星在单位时间内辐射的总能量。

光 速：光在真空中的传播速度为每秒 299792458 米，人们通常计作"30 万千米 / 秒"。

光 年：光在宇宙真空中沿直线传播一年的距离，约为 9.46 万亿千米。

银河系：我们所生活的星系，在英文中也被称作"牛奶路"。

平行宇宙：这个理论提出，我们生活的宇宙只是众多宇宙中的一个。

中微子：不带电的基本粒子，几乎不与其他物质发生相互作用，而且比电子轻得多。

中 子：不带电的基本粒子，是原子核的组成部分。

中子星：一种密度很大的星体，由中子组成。中子星是大质量恒星演化到末期时，经由重力崩溃发生超新星爆炸之后，坍缩形成的。

视 差：从有一定距离的两个点上观察同一个目标所产生的方向差异。

行 星：本身不发光，围绕着恒星旋转的球状天体。

行星状星云：发光的气体云，是一些垂死的恒星抛出的尘埃和气体壳，这个恒星之后会变成白矮星。

量子理论：描述由原子等基本粒子构成的微观世界的理论。

时 空：在长、宽、高三个维度中加入时间作为第四维度。根据爱因斯坦的理论，空间和时间紧密交织，并非相互独立。

广义相对论：由阿尔伯特·爱因斯坦提出，描述了时空和物质的关系。此外，广义相对论还解释了大质量的物体如何使光发生偏转。

狭义相对论：爱因斯坦的狭义相对论描述了时间、空间及质量与匀速运动的观察者之间的关系，提出了质能方程式：$E=mc^2$。

红 移：如果恒星或星系在远离观察者，其光谱线就会向红端移动。物体远离观察者的速度越快，红移越大。

黑 洞：一种密度极大的天体，具有极为强大的引力，即使是光也无法逃逸。

弦理论：一门理论物理学上的学说。理论里的物理模型认为，世界不是由基本微粒组成，而且由振动的、无法想象的一小段"能量弦线"组成。根据弦理论推测，宇宙是十维或十一维空间。

超新星：质量超过太阳质量 8 倍的恒星在演化接近末期时经历的一种剧烈爆炸，其大部分物质被抛向宇宙。此时它比平时亮了 100 万倍。

宇宙大爆炸：在 138 亿年前发生，标志着时间和空间的开始。在这个时期里，宇宙体系不断膨胀，使物质密度从密到稀地演化，如同一次规模巨大的爆炸。

内 容 提 要

　　本书带领孩子们进入浩瀚的宇宙世界，让孩子乐享天文学的奥秘。在饱览各种天体、星座令人惊叹的魅力的同时，又能充分了解相关天体知识。《德国少年儿童百科知识全书·珍藏版》是一套引进自德国的知名少儿科普读物，内容丰富、门类齐全，内容涉及自然、地理、动物、植物、天文、地质、科技、人文等多个学科领域。本书运用丰富而精美的图片、生动的实例和青少年能够理解的语言来解释复杂的科学现象，非常适合 7 岁以上的孩子阅读。全套图书系统地、全方位地介绍了各个门类的知识，书中体现出德国人严谨的逻辑思维方式，相信对拓宽孩子的知识视野将起到积极作用。

图书在版编目（CIP）数据

　　浩瀚宇宙 /（德）曼弗雷德·鲍尔著 ； 张依妮译
. -- 北京 ： 航空工业出版社，2022.3（2024.1 重印）
（德国少年儿童百科知识全书 ： 珍藏版）
ISBN 978-7-5165-2899-0

　　Ⅰ．①浩… Ⅱ．①曼… ②张… Ⅲ．①宇宙－少儿读物 Ⅳ．① P159-49

　　中国版本图书馆 CIP 数据核字 (2022) 第 025117 号

著作权合同登记号
图字 01-2021-6321

UNIVERSUM Geheimnisse des Weltalls
By Dr. Manfred Baur
© 2015 TESSLOFF VERLAG, Nuremberg, Germany, www.tessloff.com
© 2022 Dolphin Media, Ltd., Wuhan, P.R. China
for this edition in the simplified Chinese language
本书中文简体字版权经德国 Tessloff 出版社授予海豚传媒股份有限公司，由航空工业出版社独家出版发行。

浩瀚宇宙
Haohan Yuzhou

航空工业出版社出版发行
（北京市朝阳区京顺路 5 号曙光大厦 C 座四层　100028）
发行部电话：010-85672663　010-85672683

鹤山雅图仕印刷有限公司印刷　　　　全国各地新华书店经售
2022 年 3 月第 1 版　　　　　　　　2024 年 1 月第 5 次印刷
开本：889×1194　1/16　　　　　　　字数：50 千字
印张：3.5　　　　　　　　　　　　 定价：35.00 元

船的故事
从技术角度揭开海洋奥秘

飞机的秘密
人类飞行的梦想

火山探秘
来自地底的火焰

七大奇迹
上古时期的宝藏

汽车世界
精彩的汽车发展史

鲨鱼家族
海洋里的恐怖猎手

百变天气
阳光、风和暴雨

穿越大自然
探究与保护

鲸和海豚
海洋里的哺乳动物

恐龙王国
永远消失的地球霸主

矿物与岩石
闪闪发亮的宝藏

爬行与两栖动物
蜥蜴、林蛙和巨蜥

大自然的力量
难以估量的威力

改变世界的电
高电压与超导体

各种各样的鱼
水下的奇妙世界

猫的家族
拥有柔软脚爪的敏捷猎手

奇境森林
动物和植物的天堂

忠诚的狗
四只爪子的英雄

浩瀚宇宙
宇宙的秘密

狼的故事
走进荒野猎食者的领地

蚂蚁和白蚁
了不起的建筑师

美丽的蝴蝶
色彩斑斓的自然精灵

蜜蜂和胡蜂
美味的蜂蜜与可怕的蜇针

潜水的魅力
潜入水下的迷人世界

古老的希腊文明
诸神、英雄和诗人

古罗马生活
古罗马的社会百态

欧洲风情
人口、国家和文化

骑士时代
城堡、比武大会和贵族女性

舞动的音符
音乐世界的奇妙世界

古老的城堡
中世纪的见证

熊的秘密生活
棕熊、大熊猫、北极熊

化石档案
生命的烙印

奇妙的昆虫
六条腿的生存艺术家

极地世界
生活在冰雪王国

神秘的蜘蛛
丝线上的猎手

大象王国
温柔的"巨人"

海底宝藏
沉没的宝藏

海洋之谜
海洋研究与保护

火星登陆
红色星球定居计划

忙碌的农场
动物、植物和农业机械

时尚魅影
时尚的古与今

全球气候
冰期和气候变化